水环境治理技术标准理论与实践

孔德安　王正发　韩景超◎编著

河海大学出版社
HOHAI UNIVERSITY PRESS
·南京·

图书在版编目（ＣＩＰ）数据

水环境治理技术标准：理论与实践 / 孔德安，王正
发，韩景超编著. —南京：河海大学出版社，2022.11
(2024.1 重印)
ISBN 978-7-5630-7762-5

Ⅰ．①水… Ⅱ．①孔… ②王… ③韩… Ⅲ．①水环境
—综合治理—技术标准—中国 Ⅳ．①X143-65

中国版本图书馆 CIP 数据核字(2022)第 198696 号

书　　名	水环境治理技术标准：理论与实践
书　　号	ISBN 978-7-5630-7762-5
责任编辑	龚　俊
特约编辑	梁顺弟　卞月眉
特约校对	丁寿萍　许金凤
封面设计	徐娟娟
出版发行	河海大学出版社
地　　址	南京市西康路 1 号(邮编：210098)
电　　话	(025)83737852(总编室)　(025)83722833(营销部)
经　　销	江苏省新华发行集团有限公司
排　　版	南京布克文化发展有限公司
印　　刷	广东虎彩云印刷有限公司
开　　本	787 毫米×1092 毫米　1/16
印　　张	11.25
字　　数	246 千字
版　　次	2022 年 11 月第 1 版
印　　次	2024 年 1 月第 3 次印刷
定　　价	60.00 元

《水环境治理技术标准：理论与实践》
编　委　会

序一

党的十八大以来，以习近平总书记为核心的党中央大力推进生态文明建设，提出"生态兴则文明兴，生态衰则文明衰"，把生态环境的价值上升到文明兴衰的高度。国务院发布《关于加快推进生态文明建设的意见》《水污染防治行动计划》《关于全面推行河长制的意见》等政策文件，在生态环境保护领域进行了一系列改革创新，我国生态环境质量得到有效改善，生物多样性显著提高。

在工程实践中，我们认识到水环境治理工程是一项涉及多行业、多专业的综合性系统工程，但是我国水环境治理长期处于"多龙治水"状态，管理职能条块分割导致行政管理的"碎片化"，涉及的水利、城建、环保等领域都有各自的技术体系和技术标准体系，全部照搬过来并不能有效支撑水环境治理工程建设。水环境治理工程大多借用水利、城建、环保等行业的技术标准，由于新技术、新工艺、新材料和新装备的大量采用，技术标准缺失问题比较明显，有时甚至处于无标可依的窘况；在一定程度上技术标准之间也缺乏衔接与协调，没有独立自成体系的技术标准体系；缺少完整、系统、科学的配套标准，设计报告编制不统一往往造成勘测设计质量参差不齐，政府负责水环境治理的主管部门在审批水环境治理工程项目时缺乏技术标准作为支撑；水环境治理行业缺乏配套的定额，企业在投标及结算过程中往往凭经验确定价格，不利于投资控制和项目结算。总的来说，2016年之前我国尚没有形成能够支撑水环境治理工程全生命周期技术活动的技术标准体系。

随着《国务院关于印发深化标准化工作改革方案的通知》等一系列标准化工作文件相继出台，要求加强各行业技术标准体系建设，为水环境治理走向标准化、规范化提供了重要时机。中电建生态环境集团有限公司基于茅洲河水环境治理工程实践，系统总结水环境治理规划、勘察、设计、建造、验收、运行、管理、维护、改造等全过程技术，从顶层设计上提出水环境治理工程"功能模块序列＋全生命周期"理念构建水环境治理技术标准体系，建立水环境治理技术标准体系表，制定发布实施一系列企业标准、团体标准等。

相关研究成果为水环境治理领域技术标准制修订工作提供有效指导，促进水环境治理行业技术标准之间的合理衔接，充分发挥标准对水环境治理工程实践活动的规范与支撑作用，经济和社会效益显著，具有广泛的推广应用价值。相关科技人员为水环境治理标准体系构建作出了巨大的贡献，为他们的奉献精神和敢为人先、创新拼搏的素养点赞！

王民浩

2022 年 6 月于北京

序二

　　水是生命之源、生产之要、生态之基。城市水环境不仅受到城市居民的普遍关注，也是衡量城市可持续发展和宜居程度的重要指标。随着城市经济社会的快速发展和工业化进程步伐的不断加快，我国水污染态势越来越严峻，以水资源紧缺和水污染严重为特征的水危机已成为制约经济社会的发展，危害群众的健康，影响社会的稳定的重要因素。

　　党的十八大以来，习近平总书记提出了一系列关于生态文明建设的新理念、新思想、新战略，强调"绿水青山就是金山银山"，明确"十六字"治水新思路，并强调生态文明建设是关系中华民族永续发展的根本大计。在当前我国水环境综合整治呈现出新老问题相互交织的严峻形势下，随着《关于加快推进生态文明建设的意见》《水污染防治行动计划》《关于全面推行河长制的意见》等一系列国家重大决策部署的逐步实施，新一轮治水兴水不断向纵深推进，水环境治理行业的发展和水污染防治新机制的形成得到了积极推动。然而，水环境治理工程是一项涉及多行业、多专业的综合性系统工程，缺乏相关技术经验和长期的技术积累，尤其在技术标准方面存在诸多空白。涉及的水利、城建、环保等行业标准自成体系，目前还没有形成独立的水环境治理行业技术标准体系，尚不能有效规范水环境治理工程设计、建设与运行管理全生命周期活动，制约着水环境治理行业健康有序发展。

　　中电建生态环境集团有限公司结合茅洲河水环境综合治理工程实践，系统梳理国内外水环境治理相关行业标准体系建设情况，总结分析存在的问题或不足，为构建水环境治理技术标准体系奠定基础；以习近平新时代"节水优先、空间均衡、系统治理、两手发力"治水思路和生态文明思想为指引，践行"流域统筹、系统治理"治水理念，以河湖流域复合生态系统为研究对象，利用污染控制技术、水土资源和生态环境保护技术，采用工程措施和非工程措施对流域水环境进行综合整治，从污染源控制、工程治理、管理控制、法律法规控制四个方面，构建水环境治理技术体系；基于系统论研究了标准体系构建方法论，提出了标准体系的系统论构建方法；按照国家技术标准体系编制原则和要求，结合水环境治理技术标准的现状和发展需要，适度考虑便于同国际标准接轨，从防洪、治涝、外源治理、内源治理、水力调控、水质改善、生态修复、景观构建等八大类工程全生命周期技术活动对技术标准的需要，依据水环境治理工程"功能模块序列＋全生命周期"理念构建水环境治理技术标准体系框架，汇集规划、勘察、设计、建造、验收、运行、管理、维护、改造等水环境治理工程技术标准，编制了《水环境治理技术标准体系表》。

　　本书对水环境治理行业技术标准体系进行系统研究，提出适用于水环境治理全生命周期技术活动的技术标准体系，并编制了技术标准体系表，满足水环境治理工程实践需要，为水环境治理工程建设和运行管理提供技术保障和支持，引领水环境治理技术发展方向,为推动水环境治理行业高质量发展提供指导。本书共分为 11 章、2 个附录,第一章主要介绍水环境治理理论、工程技术及技术体系;第二章系统梳理水环境治理相关行业标准体系现状,分析存在的问题及可借鉴的经验等;第三章对水环境治理技术标准体系及框架进行说明,构建水环境治理技术标准体系;第四章到第十一章主要结合工程实践,对规划、勘察、设计、建造、验收、运行、管理、维护、改造等已开展和拟开展的水环境治理工程技术标准进行说明;附录一水环境治理标准体系表(部分),对通用及基础标准、工程综合及管理涉及的标准进行介绍;附录二主要展示部分已发布实施的标准。

在水环境治理技术标准体系研究及标准编制工作实践中,孔德安、王正发为技术标准体系和本书架构提供了方案,并参与了本书的撰写和校审工作;王民浩、陈惠明、陶明等为本书的成稿提供了宝贵意见。全体编委参与了公司技术标准体系建设和相关技术标准制定、审查等工作。此外,本书还借鉴了很多研究人员的研究成果,在此一并表示衷心感谢!

限于作者水平,书中疏漏和不当之处在所难免,恳请专家及同行批评指正,也热诚欢迎广大读者提出宝贵意见。

编者
2022 年 6 月于深圳

前言

研究背景

目前我国正处在国民经济和城市化快速发展阶段。经济、社会发展与资源、环境的矛盾日益突出，水资源短缺、洪涝灾害频发、水环境污染、水生态退化形势严峻，严重威胁了国家的水安全。发达国家近百年发展出现的水环境污染问题，在我国近三十年来集中暴发，与土地、淡水、能源、矿产资源的短缺一样成为严重制约我国经济社会发展的重要因素。

2016年9月29日，国家发展改革委、环境保护部印发《关于培育环境治理和生态保护市场主体的意见》（发改环资〔2016〕2028号），旨在加快培育环境治理和生态保护市场主体，进一步推行市场化环境治理模式，在我国"十三五"以及未来的10～20年，国家将根据《大气污染防治行动计划》（简称"大气十条"）、《水污染防治行动计划》（简称"水十条"）和《土壤污染防治行动计划》（简称"土十条"）的要求对大气、水、土壤环境进行重点整治，鼓励企业开展环保科技创新，支持环保企业技术研发。与此同时，国家层面新一轮的深化标准化改革工作正式启动，《国务院关于印发深化标准化工作改革方案的通知》（国发〔2015〕13号）、《国家标准化体系建设发展规划（2016—2020年）》（国发办〔2015〕89号）、《国务院办公厅关于印发强制性标准整合精简工作方案的通知》（国发办〔2016〕3号）、《国家标准化发展纲要》等一系列标准化工作文件相继出台，这是水环境治理走向标准化、规范化的重要时机。

纵观国内外水环境治理各类工程及案例，解决水污染问题，不仅应发展清洁生产，从源头消减污染负荷，还要从污染治理的整个过程加强治理；在加强法规建设、污染控制设施和水环境治理与生态修复设施建设，研究解决其相关总体战略、科学技术问题、工程设施建设问题和管理问题的同时，还应做好相关技术的标准化建设工作，为水污染控制和水环境综合整治各项行动提供技术标准依据作支撑。

研究总体要求

水环境治理工程是一项涉及多行业、多专业的综合性系统工程，涉及的水利、城建、环保等行业标准自成体系，目前还没有形成独立的水环境治理行业技术标准体系，因此通过开展水环境治理技术标准研究，构建适用于水环境治理技术活动的技术标准体系。为贯彻落实国家生态文明建设决策部署，构建水环境治理技术标准体系需满足下列总体要求：

1. 建立科学、合理、可持续发展的水环境治理行业技术标准体系

经过长期的水利工程、城建工程、环境工程等建设、运行管理实践和技术标准建设，特别是党的十八大提出生态文明建设以来，"大气十条"、"水十条"和"土十条"发布以后，我国加大了环境治理力度，水环境治理工程建设经历了快速发展，在水环境治理领域取得了显著成绩。我国目前在水污染控制和水环境治理领域也陆续编制发布了一批相关技术标准，但是，我国水环境治理长期处于"多龙治水"状态，还没有形成能够支撑水环境治理工程全生命周期过程技术活动的技术标准体系。

为满足水环境治理工程勘测设计、施工验收、运行管理和改造退役等全生命周期过程中的相关工程技术活动开展的需要，应按照可持续发展理论的相关要求，结合水环境治理工程建设涉及多行业、多专业的特点，利用已积累的大量水环境治理工程建设实践经验，建立科学、合理、可持续发展的水环境治理全生命周期技术标准体系。

2. 提出解决目前我国水环境治理行业技术标准存在的主要问题的工作思路和措施

我国经过多年的工程建设和运行管理实践的经验总结，水利、城建、环保等行业技术标准建设已取得了巨大的成绩，现行的水利、城建、环保等行业技术标准，基本能够较好地满足我国水利、城建、环保等行业工程建设和运行管理的需要。

但是，我国水环境管理长期处于行业条块分割管理的状态，水利、城建、环保等各涉水管理部门对技术标准"各管一摊"。目前，我国已发布实施的有关水环境治理相关标准分别由多部门组织编制颁发，各自有不同的目的和适用范围，工程建设技术标准与相关产品标准脱节，分散在不同体系中，没有形成以水环境治理——保障水安全、防治水污染、改善水环境、修复水生态、构建水景观为系统目标的技术标准体系，造成有关水环境治理工程全生命周期过程控制的标准化工作缺少完整、系统、科学的配套标准。诸多标准缺位，有关标准相互交叉、重叠、矛盾，使得进行水环境治理时没有统一的标准作为依据，标准制订规划没有明确目标，制约着相关技术活动的开展。

同时，近年来在可持续发展、保护生态系统、应对气候变化、发展循环经济、低碳经济和节能减排等方面提出了诸多新理念，这些都直接影响着水环境治理的战略目标、方针政策、治理手段和相关科技发展；国家生态文明建设重大战略的实施也对水污染控制和水环境治理提出了新要求，这些都应在建设水环境治理技术标准体系建设方面有所体现。

总之，我国水环境治理活动的实践对建设水环境治理技术标准体系已提出了迫切的需求，梳理、构建水环境治理行业技术标准组织管理体制和机制，积极解决技术标准体系存在的问题，是在水环境治理行业领域内探索我国标准化改革的必经之路。

3. 满足我国《深化标准化工作改革方案》阶段性工作要求

标准是国家基础性制度的重要方面，行业技术标准是提升行业技术水平、管理能力

的重要手段。党中央、国务院高度重视标准化改革工作和加强技术标准体系建设工作，2015年3月国务院发布了《深化标准化工作改革方案》，对我国标准化工作面临的形势、存在的问题进行了深刻分析，确定了标准化改革的基本原则、总体目标和改革措施。

《深化标准化工作改革方案》基本原则明确提出：一是坚持简政放权、放管结合，把该放的放开到位，把该管的管住管好，强化强制性标准管理，保证公益类推荐性标准的基本供给。二是坚持国际接轨、适合国情。三是坚持统一管理、分工负责。充分发挥国务院各部门在相关领域内标准制定、实施及监督的作用。四是坚持依法行政、统筹推进。改革措施明确提出：建立高效权威的标准化统筹协调机制；整合精简强制性标准，将强制性国家标准严格限定在保障人身健康和生命财产安全、国家安全、生态环境安全和满足社会经济管理基本要求的范围之内。政府主导制定的标准由6类整合精简为4类，分别是强制性国家标准和推荐性国家标准、推荐性行业标准、推荐性地方标准；优化完善推荐性标准，有效避免推荐性国家标准、行业标准、地方标准在立项和制定过程中的交叉重复问题；提高标准国际化水平。

4. 满足《国家标准化体系建设发展规划（2016—2020年）》要求

2015年12月30日，国务院办公厅下发了"关于印发《国家标准化体系建设发展规划（2016—2020年）》的通知"（国办发〔2015〕89号），明确了我国技术标准发展规划的总体要求，提出了标准化体系建设的指导思想、基本原则、发展目标。计划到2020年，基本建成支撑国家治理体系和治理能力现代化的具有中国特色的标准化体系。标准化战略全面实施，标准有效性、先进性和适用性显著增强。标准化体制机制更加健全，标准服务发展更加高效，基本形成市场规范有标可循、公共利益有标可保、创新驱动有标引领、转型升级有标支撑的新局面。"中国标准"国际影响力和贡献力大幅度提升，我国迈入世界标准强国行列。

发展规划提出了2016—2020年标准体系化建设的主要任务，其中明确要求优化标准体系、推动标准实施、强化标准监督、提升标准化服务能力、加强国际标准化工作和夯实标准化工作基础等深化标准化工作改革。把政府单一供给的现行标准体系，转变为由政府主导制定的标准和市场自主制定的标准共同构成的新型标准体系。整合精简强制性标准，范围严格限定在保障人身健康和生命财产安全、国家安全、生态环境安全以及满足社会经济管理基本要求的范围之内。优化完善推荐性标准，逐步缩减现有推荐性标准的数量和规模，合理界定各层级、各领域推荐性标准的制定范围。培育发展团体标准，鼓励具备相应能力的学会、协会、商会、联合会等社会组织和产业技术联盟协调相关市场主体共同制定满足市场和创新需要的标准，供市场自愿选用，增加标准的有效供给。建立企业产品和服务标准自我声明公开和监督制度，逐步取消政府对企业产品标准的备案管理，落实企业标准化主体责任。

在提出《国家标准化体系建设发展规划（2016—2020年）》主要任务的基础上，规划进一步明确了国家标准化体系建设的重点领域。水环境治理涉及水利、城建、生态、环境、园林景观等多领域，是国家生态文明标准化建设的重点领域。

综上所述,按照《国家标准化体系建设发展规划(2016—2020 年)》的有关要求,国家标准化体系建设应包括:完备的标准体系、有效的标准实施体系、严密的标准监督体系、高效的标准化服务体系、有力的标准化保障体系、完善的国际标准化工作体系。水环境治理行业技术标准化体系建设亟待开展。

5. 满足国家《生态文明建设标准体系发展行动指南(2018—2020 年)》要求

2018 年 6 月 6 日国家标准委"关于印发《生态文明建设标准体系发展行动指南(2018—2020 年)》的通知",明确了我国建立和完善生态文明建设标准体系的总体要求,提出了生态文明建设标准体系建设的指导思想、基本原则、发展目标。到 2020 年,生态文明建设标准体系基本建立,制修订核心标准 100 项左右,生态文明建设领域国家技术标准创新基地达到 3～5 个;生态文明建设领域重点标准实施进一步强化,开展生态文明建设领域相关标准化试点示范 80 个以上,形成一批标准化支撑生态文明建设的优良实践案例;开展生态文明建设领域标准外文版翻译 50 项以上,与"一带一路"沿线国家生态文明建设标准化交流与合作进一步深化。

在此基础上,提出了生态文明建设标准体系框架,包括空间布局、生态经济、生态环境、生态文化 4 个标准子体系。明确了 2018—2020 年我国陆地空间布局、海洋空间布局、生态人居、生态基础设施、能源资源节约与利用、生态农业、绿色工业、生态服务业、环境质量、污染防治、生态保护修复、应对气候变化、生态文化等 13 个领域的生态文明建设标准研制重点。

综上所述,按照《生态文明建设标准体系发展行动指南(2018—2020 年)》的有关要求,水环境治理行业技术标准化体系也是国家生态文明建设标准体系的重要组成部分之一,其建设也亟待开展。

6. 满足《国家标准化发展纲要》的要求

2021 年 10 月,中共中央、国务院印发了《国家标准化发展纲要》,指出标准是经济活动和社会发展的技术支撑,是国家基础性制度的重要方面,标准化在推进国家治理体系和治理能力现代化中发挥着基础性、引领性作用。《国家标准化发展纲要》是以习近平同志为核心的党中央立足国情、放眼全球、面向未来作出的重大决策,是新时代标准化发展的宏伟蓝图,在我国标准化事业发展史上具有重大里程碑意义。

指导思想:以习近平新时代中国特色社会主义思想为指导,深入贯彻党的十九大和十九届二中、三中、四中、五中全会精神,按照统筹推进"五位一体"总体布局和协调推进"四个全面"战略布局要求,坚持以人民为中心的发展思想,立足新发展阶段、贯彻新发展理念、构建新发展格局,优化标准化治理结构,增强标准化治理效能,提升标准国际化水平,加快构建推动高质量发展的标准体系,助力高技术创新,促进高水平开放,引领高质量发展,为全面建成社会主义现代化强国、实现中华民族伟大复兴的中国梦提供有力支撑。

发展目标:到 2025 年,实现标准供给由政府主导向政府与市场并重转变,标准运用由产业与贸易为主向经济社会全域转变,标准化工作由国内驱动向国内国际相互促进转变,标准化发展由数量规模型向质量效益型转变。标准化更加有效推动国家综合竞争力提升,促进经济社会高质量发展,在构建新发展格局中发挥更大作用。

——全域标准化深度发展。农业、工业、服务业和社会事业等领域标准全覆盖,新兴产业标准地位凸显,健康、安全、环境标准支撑有力,农业标准化生产普及率稳步提升,推动高质量发展的标准体系基本建成。

——标准化水平大幅提升。共性关键技术和应用类科技计划项目形成标准研究成果的比率达到50%以上,政府颁布标准与市场自主制定标准结构更加优化,国家标准平均制定周期缩短至18个月以内,标准数字化程度不断提高,标准化的经济效益、社会效益、质量效益、生态效益充分显现。

——标准化开放程度显著增强。标准化国际合作深入拓展,互利共赢的国际标准化合作伙伴关系更加密切,标准化人员往来和技术合作日益加强,标准信息更大范围实现互联共享,我国标准制定透明度和国际化环境持续优化,国家标准与国际标准关键技术指标的一致性程度大幅提升,国际标准转化率达到85%以上。

——标准化发展基础更加牢固。建成一批国际一流的综合性、专业性标准化研究机构,若干国家级质量标准实验室,50个以上国家技术标准创新基地,形成标准、计量、认证认可、检验检测一体化运行的国家质量基础设施体系,标准化服务业基本适应经济社会发展需要。

到2035年,结构优化、先进合理、国际兼容的标准体系更加健全,具有中国特色的标准化管理体制更加完善,市场驱动、政府引导、企业为主、社会参与、开放融合的标准化工作格局全面形成。

在生态建设方面提出,要不断完善生态环境质量和生态环境风险管控标准,持续改善生态环境质量。进一步完善污染防治标准,健全污染物排放、监管及防治标准,筑牢污染排放控制底线。统筹完善应对气候变化标准,制定修订应对气候变化减缓、适应、监测评估等标准。制定山水林田湖草沙多生态系统质量与经营利用标准,加快研究制定水土流失综合防治、生态保护修复、生态系统服务与评价、生态承载力评估、生态资源评价与监测、生物多样性保护及生态效益评估与生态产品价值实现等标准,增加优质生态产品供给,保障生态安全。

总之,开展水环境治理技术标准研究、构建水环境治理行业技术标准体系是水环境治理行业持续科学发展的需要,是简政放权后水环境治理行业健康发展的重要保证;是国务院关于推进标准化工作改革有关要求的进一步落实,是深入贯彻党中央、国务院关于加快推进生态文明建设的总体部署,建立和完善生态文明建设标准体系,充分发挥标准化在生态文明建设中的支撑和引领作用的行动指南,也是推进我国水环境治理技术标准与国际接轨的重要手段。

主要研究内容

水环境治理技术标准体系研究的主要内容有:

1. 系统梳理国内外水环境治理相关行业标准及其体系概况

在前期已有工作基础上，系统梳理国外发达国家与我国的水环境治理与管理体制、水环境治理相关行业标准及其体系建设情况等，收集国内现有水环境治理相关行业技术标准，包括水利、城建、环保、园林景观等行业，并对国内外水环境治理相关管理与工程建设经验进行调研和总结，为我国当前水环境治理技术标准化建设提供思路和理论支撑。

2. 分析总结国内外水环境治理理论与技术，构建水环境治理技术体系

水环境治理技术体系是对水环境治理从前端到末端的各方面治理措施及工程技术的科学而系统的集成，而水环境治理技术标准体系则是在技术体系的系统理论基础上，针对所涉及的各种工程技术方面的技术总结和规定。因此，构建水环境治理技术标准体系，必先对国内外水环境理论、水环境治理技术等进行充分的分析总结，优先建立水环境治理技术体系。

3. 根据系统工程方法论，分析研究标准体系构建方法

解读系统与系统工程定义，确定系统工程方法论的核心内容，简述系统工程方法论主要流派的方法理论。根据国家标准《标准体系构建原则和要求》（GB/T 13016—2018）中关于标准体系的定义，分析研究标准体系的分类、特点、结构关系，将标准体系构建看作一个"系统工程"，分析研究利用系统工程方法构建标准体系。构建水环境治理技术标准体系既要继承我国在水利、城建、环保等行业标准体系建设中已取得的宝贵经验，也要借鉴国外主要发达国家在标准化体系建设方面的好的做法，并考虑水环境治理工程的特点，采用系统工程方法论研究我国水环境治理技术标准体系构建问题。

4. 根据水环境治理工程特点，构建水环境治理技术标准体系框架

水环境治理工程是一项综合性的系统工程，其技术体系跨多个行业，需要多专业协同融合，才能找到合适的集成技术解决城市水环境治理问题。本研究对国内外水环境治理相关行业技术标准体系进行梳理，在水环境治理技术体系基础上，结合水环境治理行业特点，参考有代表性的行业技术标准体系架构，构建科学合理、适用可行的水环境治理技术标准体系框架。

5. 建立《水环境治理技术标准体系表》，提出适应行业发展的技术标准清单

在对我国现有水环境治理相关行业技术标准全面梳理和系统分析的基础上，按照建立的水环境治理技术标准体系层次结构，建立《水环境治理技术标准体系表》，提出全面的水环境治理技术标准清单，为后续有序、分批地开展和推进水环境治理技术标准制定奠定基础。

创新点

1. 分析总结了国内外水环境治理理论和技术，建立了水环境治理技术体系，为水环境治理技术标准体系构建奠定了前提条件

分析总结国内外水环境治理理论与技术，基于"流域统筹、系统治理"的治水理念，以河湖流域复合生态系统为研究对象,利用污染控制技术、水土资源和生态环境保护技术,采用工程措施和非工程措施对流域水环境进行综合整治,从污染源控制、工程治理、管理控制、法律法规控制四个方面,构建水环境治理技术体系,为我国当前水环境治理技术标准体系建设提供了思路和理论支撑。

2. 创造性地提出按照水环境治理工程功能模块序列+全生命周期理念,研究确定水环境治理技术标准体系层次框架,建立了水环境治理技术标准体系

经对我国国家标准体系、工程建设标准体系、水电、风电及水环境治理相关行业技术标准体系结构方案的系统梳理和对比研究,基于水环境治理工程功能模块序列+全生命周期的理念,采用三层框架结构建立水环境治理技术标准体系层次结构,首次提出了水环境治理技术标准体系各层次内容说明,建立了水环境治理技术标准体系。

3. 首次建立了《水环境治理技术标准体系表》,提出较为全面的水环境治理技术标准清单

对我国水环境治理相关行业技术标准全面梳理和系统分析,充分考虑近年来我国在水环境治理领域大量工程实践积累的丰富经验,按照水环境治理技术标准体系层次结构,按防洪、治涝、外源治理、内源治理、水力调控、水质改善、生态修复、景观构建、交通工程、其他等工程全生命周期技术活动对技术标准的需要,结合国内典型水环境治理工程中引用的有关行业标准,按照水环境治理工程"功能模块序列+全生命周期"理念,首次建立了《水环境治理技术标准体系表》,提出了较为全面的水环境治理技术标准清单。

目录

第一章

水环境治理工程技术综述

第一节　概述

水是基础性自然资源和战略性经济资源。维护健康水生态、保障国家水安全，以水资源可持续利用保障经济社会可持续发展，是关系国计民生的大事。党的十八大以来，习近平同志围绕系统治水作出一系列重要论述和重大部署，开创了治水兴水新局面。自十八大以来我国提出一系列生态文明建设政策，包括《水污染防治行动计划》《关于全面推行河长制的意见》《关于在湖泊实施湖长制的指导意见》等，提出治水新理念、新思路、新举措，为丰富完善水环境治理技术提供了指导。习近平同志指出，保障水安全，关键要转变治水思路，按照"节水优先、空间均衡、系统治理、两手发力"新时代治水思路，统筹做好水灾害防治、水资源节约、水生态保护修复、水环境治理。同时明确治水路径的综合性、整体性、协同性，综合运用治污、防洪等工程措施和生态技术、生物措施，加强工程措施与生态手段的集成，实现蓄水调水、农田保护和水土流失治理相统一，要服从规律、综合治理，把人为活动与环境自愈有机结合起来，促进生态平衡。

水环境治理技术体系与水环境治理技术二者之间，并不是孤立存在，而是有着紧密的联系。前者是对水环境治理从前端到末端的各方面治理措施及工程技术的科学而系统的集成，而后者则是在前者的系统理论基础上，针对所涉及的各种工程技术方面的技术总结和规定。

从科学方法论的角度而言，在构建水环境治理技术标准体系时，必须先对水环境治理理论、水环境治理技术及其体系进行梳理分析和研究。只有在充分了解不同水环境治理工程个性与共性技术措施的基础上，系统全面地理清水环境治理技术及其体系架构关系，为技术标准体系构建奠定前提条件，才能制定出科学合理、对工程建设具有指导意义的水环境治理技术标准体系。

第二节　水环境治理理论

水环境治理理论是水环境治理技术的基础，需要从区域和流域系统的角度，综合考虑水环境的自然、社会和工程特性及其相互影响，为水环境治理技术提供支撑。目前的水环境治理理论主要集中于水环境基础理论、水环境经济学、水环境安全、水污染防治理论、水生态修复理论和水环境治理技术标准体系等方面。

1. 水环境基础理论

从理论上探讨水环境演变中各种复杂的物理、化学、生物等过程的客观变化规律，以及水环境对人类活动的响应关系,研究建立水环境要素迁移变化理论模型,通过监测、物理化学分析、物理模型、数值模拟等各种技术手段分析其变化现象,研究水环境的自然改善和人工调控途径。

2. 水环境经济学

在目前水环境持续恶化的严峻形势下,为制定切实有效的水环境保护对策,迫切需要开展水环境及其与社会经济发展关系的理论研究,描述并分析水生态系统与经济系统的关系,这使得生态及环境价值化研究成为当前水环境经济领域的最前沿课题。水环境的价值化研究,集中在水环境价值的内涵、类型及量化指标和方法上,其中水环境的生态价值越来越受到关注。

3. 水环境安全

水环境安全关系国家经济发展和安全,保证水环境安全、建立水环境安全评估和保障体系是水环境治理理论研究的重要内容。重点是研究水环境安全指标、标准等基础性的理论,探讨建立国家重大水域水环境污染预警预报及应急系统。应在水环境信息平台建设、重大水域实时监测网络建设的基础上,依托水域水环境系统综合模拟技术,建立重要水域的水环境污染预警预报及应急系统。该系统可预报突发污染事故的水环境后果,提供应急分析的技术平台,研究应急处理技术预案,最大程度地降低突发水环境事故的灾害风险,提高重要水域的水环境安全保障能力。

4. 水污染防治理论

从各国颁布的地表水环境质量标准看,主要目的在于控制水污染。全球水污染问题日趋严重,促使水污染防治理论研究在全球范围内不断深入。随着常规水处理技术的不断完善成熟,目前研究的重点逐渐转向微污染水、难降解物质、新兴污染物等处理工艺方面。前沿研究的内容包括低污染负荷废水脱氮除磷、藻毒素物质的分子调控降解、非点源污染控制、重点污染行业难降解有机工业废水污染防治、危险废物处理处置、特种废物以及污废水回收利用等方面的基础理论研究。

5. 水生态修复理论

水环境污染导致水生态退化,甚至破坏。国内外水环境治理工程实践表明水生态修复包括水污染防治和水生态修复两个阶段。因此,在进行水污染治理的同时,应适时进行水生态修复,创造水生动植物多样性,恢复生物链,不断提高水体自净能力,以使水环境逐渐恢复近自然状态。由于水生态系统是一个复杂的系统,水生态恢复是一个比较漫长的渐进的过程,涉及生态学、环境学、工程学等众多学科,相关理论研究还比较薄弱,急需开展河湖水生植物系统构建、水生动物系统构建、水生生物系统构建、有毒污染物在水生动植物之间的富集迁移变化、河流健康评估等领域的理论研究。

6. 水环境治理技术标准体系

在水环境治理理论研究的基础上,通过建立水环境治理技术标准体系,开展水环境治理技术标准制定,规范水环境治理工程勘察设计、施工验收和运行管理生命周期过程的技术活动。

第三节　水环境治理工程技术

一般地,我们把从工程学或工艺学角度出发,与同一类自然规律及改造自然规律有关的相互联系的技术整体称为技术系统。例如水力发电技术系统就是利用水的势能变为电能的技术过程,它由水坝建筑、水轮装置和发电设备三种主要技术相互联系组合成为一个技术系统。技术不但具有自然属性,还具有社会属性,从自然规律和社会条件两个方面出发考察技术之间的关系,并把各种技术在自然规律和社会因素共同制约下形成的具有特定结构和功能的技术系统称为技术体系。

由于我国现阶段水管理体制是多部门管水,使得水环境治理牵涉面广,涉及的部门多,是一项系统性工作。其采用的专业技术门类复杂,需要采取科学的、综合性的工程措施和非工程措施,按照系统工程的基本原理有序开展治理工作。纵观目前国内外水环境治理技术,总体治理理念是以河湖流域复合生态系统为研究对象,利用污染控制技术、水土资源和生态环境保护技术,采用工程措施和非工程措施对水环境进行综合整治,从而形成"控源截污—工程治理—监测管理—法规控制"的水环境治理技术体系。

单从水环境综合治理工程措施需要采用的技术而言,主要包括水污染外源控制技术、内源净化技术、水体富营养化防治技术、雨污分流管网技术、污水处理技术、黑臭水体治理与净化技术、污染底泥处理处置及资源化利用技术、河道整治技术、滨岸生态修复技术、蓝藻水华预警及应急处置技术、河湖基质构建技术、水生植物系统构建技术、水生动物系统构建、水生生物系统构建技术、水力调控及调水补水技术等。覆盖的行业主要有水利、城建、生态环保、农林、园林景观等。

水环境治理除了采用上述工程措施外,还需要采取水资源、水环境、水生态保护、污水排放等方面的严格管理制度;健全相关法律法规,加强执法力度;加大水资源、水环境、水生态保护人人有责的宣传力度;树立全民环境保护意识,倡导绿色健康的生活、生产方式等非工程措施和管理措施。

第四节　水环境治理技术体系构建

综上所述,以习近平新时代"节水优先、空间均衡、系统治理、两手发力"治水思路和生态文明思想为指引,践行"流域统筹、系统治理"治水理念,以"河湖流域—生态环境—经济社会"复合生态系统为研究对象,利用污染控制技术、水土资源和生态环境保护技术,采用工程措施和非工程措施对河湖水环境进行综合整治,依据水环境治理所涉及的行业及相关技术,从污染源控制、工程治理、管理控制和法律法规控制四个方面,初步构建水环境治理技术体系,如图 1-1 所示。

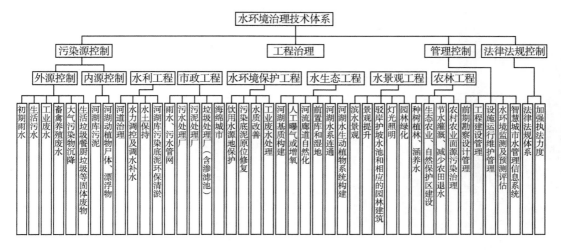

图 1-1 水环境治理技术体系

第二章

水环境治理相关行业技术标准体系现状综述

第一节　概述

我国政府非常重视标准化工作，我国标准化工作实行统一管理与分工负责相结合的管理体制。《中华人民共和国标准化法》和《中华人民共和国标准化法实施条例》规定了我国各级标准化管理机构和各自的职责范围。

根据现行国家标准《标准体系构建原则和要求》（GB/T 13016—2018）对标准体系的定义，水环境治理技术标准体系是指一定范围内的水环境治理技术标准按其内在联系形成的科学的有机整体。技术标准体系成果一般包括标准体系模型和标准体系表，其中标准体系表内容包括标准体系结构图、标准明细表。建立水环境治理技术标准体系的目的在于将水环境治理工程全生命周期的所有技术标准有机结合起来，充分发挥其对水环境治理的规范作用，以获得最佳的效果。

水环境治理技术标准是以水环境治理——保障水安全、防治水污染、改善水环境、修复水生态、构建水景观为总体目标，以水环境治理工程全生命周期过程中的技术活动为对象的标准，是对水环境治理工程全生命周期过程中重复性事物和概念所作的统一规定。

由于我国涉水管理部门多，水环境治理长期处于"多龙治水"状态，目前还没有形成真正意义上的水环境治理行业，没有专门的水环境治理行业标准化管理机构，还没有形成能够支撑水环境治理工程全生命周期过程技术活动的技术标准体系。

在水环境治理工程实践中，大多借用水利、城建、环保等行业的技术规范和标准进行水环境治理工程的勘测设计、施工验收和运行管理。现行水利、城建、环保等行业标准体系仍按部门、行业各自独立运行。由于在水环境治理工程实践中，新技术、新工艺、新材料和新装备的大量采用，我国水环境治理工程关键领域技术标准存在缺位，有时甚至处于无标可依的窘况，相关行业标准又存在相互交叉、重叠、矛盾等问题，严重制约着我国水环境治理工程技术工作的开展，水环境治理行业技术水平、管理能力有待进一步提升。

本书重点对我国与水环境治理关系比较密切的水利、城镇给水排水、水环境、水生态系统保护与修复、城镇园林等技术标准体系现状进行分析。

通过对我国水环境治理相关行业标准的梳理，从体系现状、标准数量、时效性和适用性、存在的问题以及可借鉴的经验等方面进行分析，为我国水环境治理技术标准体系构建和确定标准清单提供参考。

第二节 国家工程建设标准体系分析

　　我国工程建设标准的范围涵盖了房屋建筑、市政工程、公路、水运、铁道、民航、电力、石油、煤炭、核能、化工、水利、石化、轻工、机械、林业、矿业、冶金、文教、通信、农业、商业、航天等各类建设工程及其项目建设,涉及了不同地域各类建设工程的勘察、规划、设计、施工、安装、验收、维护加固、拆除以及使用管理、服务等环节和各类相关产品的应用。改革开放以来,随着社会主义市场经济体制的建立和完善,我国标准化工作得以迅速发展并取得了较好成绩。近年来,以结构优化、数量合理、层次清晰、分类明确、协调配套为原则,依照系统分析的方法,选定城乡规划、城镇建设、房屋建筑为突破口,组织开展了《工程建设标准体系框架》的研究和编制工作。标准体系框架是一个科学、开放的系统,可确保标准制定的工作秩序,减少标准之间的重复与矛盾,提高标准化管理水平。而城乡规划、城镇建设、房屋建筑等行业标准体系框架的编制为其他领域标准体系框架的编制和建设提供了良好的示范作用。

　　近年来,我国在工程建设标准体系框架的研究和编制上已取得初步成果,完善了标准体系,提高了标准编制的科学性、系统性和前瞻性。根据国家工程建设标准化信息网显示,我国工程建设标准分别按照行业领域和主题划分不同的标准体系,包括《工程建设标准体系(城乡规划部分)》《工程建设标准体系(城乡建设部分)》《工程建设标准体系(房屋建筑部分)》《工程建设标准体系(水利工程部分)》等一系列标准体系框架。通过标准体系框架研究大幅度提升了标准的覆盖范围,工程建设领域标准滞后的状况明显改善,实现了标准制修订从分散到有目标、有重点的转变,进一步明确了标准的发展方向,为形成统一、规范、合理的工程建设标准体系奠定了实践基础。图 2-1 为国家工程建设标准体系按照领域划分的各领域标准制修订情况。

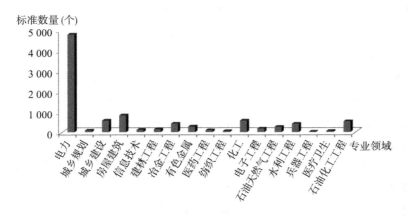

图 2-1 国家工程建设标准体系标准制修订情况

通过对我国工程建设标准体系进行梳理，基本情况如下：

（1）各部分尤其是工业领域各部分标准体系间的协调工作有待进一步加强，个别标准项目的适用范围和主要内容存在交叉重复；

（2）战略性新兴产业、生态文明建设标准体系亟待健全完善；

（3）体系中标准项目的权重判定原则与方法尚存在行业或专业间的差异，某些项目标准重要程度无法准确定性；

（4）对标准体系的管理仍处于相对静态模式，体系对标准立项工作的指导作用尚未充分发挥；

（5）工程建设标准总体系的构建模式尚待深入研究；

（6）工程建设标准体系实施的保障机制（保障体系、技术支撑体系等）尚待完善。

我国国家工程建设标准体系专业领域不包括水环境治理工程。

第三节　水利技术标准体系分析

1. 基本情况

水利是经济的命脉，水利工程是民生工程，关系到国运的兴衰。中华人民共和国成立 70 多年来，我国建设了大量水利工程。

水利行业非常重视标准化工作。我国水利标准化工作起步于中华人民共和国成立初期，随着不同时期社会经济发展中心任务的需要不断发展壮大。水利技术标准体系作为国家工程建设技术标准体系的重要组成部分，在国家工程建设技术标准化发展进程引领下，水利部自 1988 年起，分别于 1988 年、1994 年、2001 年、2008 年和 2014 年发布了 5 版体系表，覆盖了水利工程建设全生命周期技术活动，为水利标准化工作提供了规划依据和项目指南，为水利发展提供了全面的标准依据和技术支撑，有力地支持了水利工程建设。

水利技术标准以水利科学技术和实践经验的综合成果为基础，以在水利行业范围内获得最佳秩序、促进最佳社会效益为目的，规定了水利工程或产品、过程或服务应满足的技术要求，规定了水利技术装备的设计、制造、安装、维修或使用的操作方法。水利技术标准体系是水利行业内的标准按其内在联系形成的科学有机整体，具有结构性、协调性、整体性和目的性的特征，以水利技术标准体系表的形式表示。5 版水利技术标准体系表主要信息见表 2-1。

经过近几年水利标准化工作的进展，水利部技术标准版块进一步丰富完善了水利技术标准体系表（2014 年版），更新发布技术标准体系表（2014 年版）计划制修订的标准，补充缺失的部分标准，将已发布的还在使用的标准纳入标准体系。补充完善的水利技术标准体系（新版），进一步满足了水利工程建设对技术标准的需求，保障了水利工程建设人身安全、环境保护、工程质量等，推动了水利工程建设技术发展，为贯彻中央水利工作方针,落实新时代治水思路提供了有力支撑。历次水利技术标准体系规划标准项目数量统计情况见图2-2。

表2-1 历次水利技术标准体系主要情况对比表

序号	发布年份	体系名称	发布修订背景	框架结构
1	1988年	《水利水电勘测设计技术标准体系》	改革开放以来,我国水利标准化工作得到了长足的发展,水利技术标准体系建设开始迈开了整体化、系统化的步伐。	一维多层
2	1994年	《水利水电技术标准体系表》	水利部刊印第一个覆盖整个领域的水利水电技术标准体系表,标志我国水利技术标准的基本分类和管理体制初步形成。	一维多层分为工程建设标准和产品标准
3	2001年	《水利技术标准体系表》	随着标准化工作的深入开展,标准涉及的专业领域越来越广、越来越深入,不同专业领域以及专业领域内部不同标准之间的重复、交叉和矛盾现象日益突出。	三维框架结构分为专业序列、专业门类和层次维
4	2008年	《水利技术标准体系表》	可持续治水思路的不断发展和水利科技创新水平的不断提高,对水利技术标准提出了更高的要求。	三维框架结构分为专业门类、功能序列和层次维
5	2014年	《水利技术标准体系表》	水利的快速发展,新时期的新要求,对环境保护、污水治理、三条红线等新要求,需要及时更新标准,原三维结构中的层次维并没有发挥相应作用,标准技术要素隶属关系不够清晰等问题。	二维结构分为专业门类和功能序列

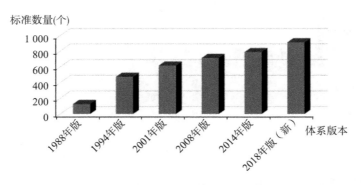

图2-2 历次水利技术标准体系标准数量统计图

2. 水利技术标准数量

依据水利技术标准体系表(2014年版)和水利部技术标准版块,梳理各功能序列标准制修订情况,分为综合、建设、管理三部分,截至2019年2月,标准制修订数量详见表2-2和图2-3。由图2-3可知,在现有水利技术标准体系中,水工建筑物、水文、机电与金属结构标准数量占前三位,分别为287项、191项、80项;另外,水资源、水土保持、水文、水工建筑物4个功能序列拟编标准分别占到相应标准制修订项目的44.2%、22.2%、15.2%、12.2%，标准缺失较大，因此应加快相应标准制定力度。

表2-2　水利技术标准统计表

功能序列	综合（个）		建设（个）		管理（个）	
	现行	拟编	现行	拟编	现行	拟编
A 水文	18	0	105	9	39	18
B 水资源	22	21	9	8	12	5
C 防汛抗旱	20	6	10	2	9	3
D 农村水利	9	1	35	0	9	0
E 水土保持	20	1	21	11	8	2
F 农村水电	9	0	23	1	11	0
G 水工建筑物	29	10	162	16	61	9
H 机电与金属结构	9	0	58	6	6	1
I 移民安置	6	0	5	0	0	1
J 其他	31	1	6	2	11	3
合计	173	40	434	57	166	42

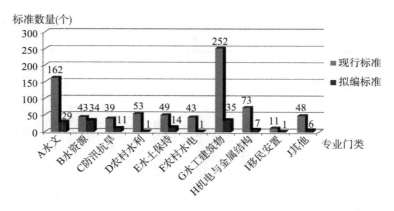

图2-3　各专业门类水利技术标准分布情况图

773项现行水利技术标准中，国家标准150项，行业标准623项，团体标准0项，可以看出目前水利技术标准以行业标准为主，其次为国家标准，团体标准暂时未纳入标准体系，各层次标准比例见图2-4。

3. 水利技术标准体系结构

2008年版、2014年版水利技术标准体系框架结构分别见图2-5和图2-6，两者比较，2014年版水利技术标准体系框架结构有了进一步修改完善，更能满足管理者与使用者的要求，具体表现在：

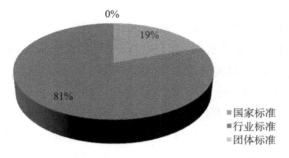

图 2-4　水利技术标准体系各层次标准分布情况图

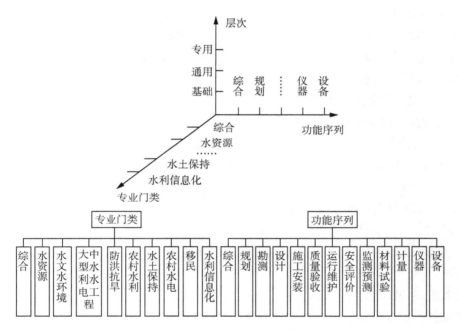

图 2-5　2008 年版水利技术标准体系框架图

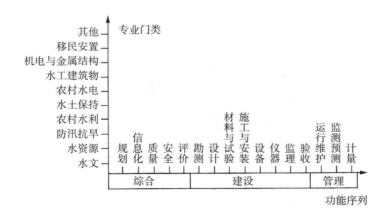

图 2-6　2014 年版水利技术标准体系框架图

（1）专业门类由原来的综合、水资源、水文水环境、大中型水利水电工程、防洪抗旱、农村水利、水土保持、农村水电、移民、水利信息化 10 个门类,优化为水文、水资源、防汛抗旱、农村水利、水土保持、农村水电、水工建筑物、机电与金属结构、移民安置和其他 10 个门类,更加全面具体,符合目前水利工程建设情况,而且删除大中型水利水电工程分类,解决了由于分类尺度不同导致框架交叉重复的问题。

（2）功能序列按照全生命周期理念优化为规划、信息化、质量、安全、评价、勘测、设计、材料与试验、施工与安装、设备、仪器、监理、验收、运行维护、监测预测、计量等 16 项,新增加了监理项,使标准体系更加全面,有利于指导全生命周期各阶段水利工程活动开展。

（3）由于层次维在实际应用中,实用性不强,就现阶段而言,并未发挥相应的作用,因此 2014 年标准体系框架结构调整为二维方案,以 2008 年版体系框架结构为基础,删除层次维使得整个体系结构更加清晰简单,便于管理,层次清晰。

（4）层次维由原来的专用、通用和基础,优化为综合、建设和管理,并将层次维隐含到专业门类和功能序列中,更符合实际工程建设。

4. 水利技术标准的时效性和适用性分析

根据水利技术标准体系中各标准发布时间,统计标龄分布情况,如图 2-7 所示,其中 5 年以内标龄的标准数量为 262 项,占比 34%;5～10 年标龄的标准数量为 295 项,占比 38%;10～20 年标龄的标准数量为 184 项,占比 24%;20 年以上标龄的标准数量为 32 项,占比 4%,其中主要针对水中游离二氧化碳、侵蚀性二氧化碳、酸度、硫酸盐、硼等污染物指标测定方法,《游离二氧化碳的测定(碱滴定法)》(SL 80—1994)、《侵蚀性二氧化碳的测定(酸滴定法)》(SL 81—1994)等标准,标准年代久远,涉及的技术内容比较陈旧,适用性不强。

综上所述,我国水利工程建设标准 5 年以上标龄标准占比 66%,占比较大,因此应结合现代水利工程建设与管理的实际需要进行制修订,且项目标准修订过程应尽可能增加水利工程建设施工的新成果及新技术,以最大化发挥技术标准对水利工程建设的指导性作用。

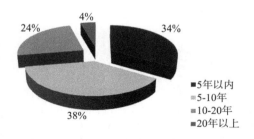

图 2-7 水利技术标准体系标龄分布图

5. 水利技术标准体系存在的问题

经过 2014 年标准体系框架修订优化,改善了标准之间不协调、不配套、互相矛盾等一系列的不经济现象,促进了水利标准化工作快速、高效、有序发展。但随着我国水利改革发展形势进入新时代,特别是党的十八大以来习近平总书记提出了一系列生态文明建设和生态文明制度建设的新理念、新思路、新举措,围绕"节水优先、空间均衡、系统治理、两手发力"新时代治水思路,我国现行的水利技术标准体系已不能很好地适应新形势的发展要求,还存在着标准交叉重复、标准缺失、与国际标准接轨不够、团体标准未纳入标准体系等问题。因此有必要进一步梳理和研究,为下一步水利工程建设标准体系修订优化提供参考,促进水利技术标准化水平,为实现水资源的可持续利用和民生水利、生态水利提供技术保障和基础支撑。

（1）标准交叉重复

现行的水利技术标准一般是根据当时的需要独立确定的,在历经一段时间的发展之后,标准之间不同程度地存在着不协调、不配套、相互重复或矛盾等问题。尤其是人为因素造成的标准之间的交叉重复问题更为突出,主要体现在:

①部门之间（主持机构）业务交叉造成的标准重复,如大部分水工标准内均包含安全监测章节,对监测项目、监测设施的布置等都有规定,但篇幅不大,而《混凝土坝安全监测技术规范》(SL 601—2013)、《土石坝安全监测技术规范》(SL 551—2012)等又详细地对安全监测工作做了全面的规定;

②相近内容的标准重复立项,如《建设项目水资源论证导则》(GB/T 35580—2017)和《水利水电建设项目水资源论证导则》(SL 525—2011);

③行标上升为国标或拆分为多项标准,而原有标准未进行及时清理等,导致了标准之间未经协调或协调不足,体系越来越庞大。

（2）标准缺失

近些年水利部虽然加大了标准编制工作的力度,相对 2008 年版本,2014 年版标准有了进一步优化,补充完善了部分亟须的技术标准。但现代水利事业的快速发展对水利技术标准体系提出了更新的要求,例如最严格的水资源管理制度和生态文明等,特别是一些民生问题相关的标准还不够完善,造成了体系目前的缺项漏项问题。针对关键技术标准缺少的问题,应加强技术标准对水利部中心工作的响应和服务,把安全、环保、节约资源和民生等作为强制性规定放在更加突出的位置,加大对水资源节约与利用、水电可持续利用、先进的试验方法等标准制定力度,解决标准滞后于发展、覆盖面不全的问题。例如针对水利工程建设的生态环境保护,需要从水利工程设计、施工到运行管理各环节,制定环境、社会、经济和安全的综合评价规范,进一步促进水利行业的健康发展;加强洪水管理、降低洪涝灾害风险等。

（3）与国际标准接轨不够

我国的水利技术标准与国际标准、美国和欧盟等发达国家和地区的技术标准相比,在水利工程设计、施工、泥沙问题处理、小水电等领域的多项技术标准具有国际领先水平,但我国水利技术标准国际化工作存在国际认知度不够高、顶层设计有待进一步加强等问题,已成为制约我国水利企业增强国际竞争力、发挥技术优势、占领技术制高点、提高经济效益的瓶颈。因此应准确把握水利技术标准国际化需求，科学谋划水利技术标准国际化重点领域，加强与国际标准接轨，加大国际标准转化力度，提高水利工程质量及技术水平。

（4）团体标准未纳入标准体系

目前针对我国水利技术标准体系存在结构不合理等问题，团体标准未能体现，新标准化法鼓励学会、协会、商会、联合会、产业技术联盟等社会团体协调相关市场主体共同制定满足市场和创新需要的团体标准，而且团体标准具有增加市场标准有效供给，适应市场变化，更新快等特点。因此建议在标准体系修订中，对于暂无国家标准、行业标准的关键技术领域，考虑将协会、学会等已发布实施的相关团体标准纳入新的标准体系，补充完善缺失的关键技术标准，进一步丰富完善标准体系，推动水利行业更加规范、健康发展，提高我国水利工程建设与管理水平。

6. 水利技术标准体系构建可借鉴的经验

我国现行水利技术标准体系尽管在一定程度上还存在着标准交叉重复、标准缺失、与国际标准接轨不够等问题，但是，水利标准化建设一直受到政府主管部门的重视，自1988年以来，水利部持续不断开展水利行业标准化建设，先后发布5版水利技术标准体系，取得了丰富成果，有力地支持了我国水利工程建设。我国大量水利工程建设和运行管理实践经验表明，现行水利行业技术标准覆盖了水利工程建设全生命周期技术活动，基本能够较好地满足我国水利工程建设和运行管理的需要。

水利工程建设是水环境治理工程的重要组成部分，水利行业在标准化建设方面已取得的经验具有很好的借鉴意义。因此，构建水环境治理技术标准体系可以借鉴水利技术标准体系中的水文、水资源、防汛抗旱、水土保持、水工建筑物等专业的现行技术标准或根据水环境治理工程的特点适当修改后采用，可以促进水环境治理工程技术标准化工作。

第四节　城镇给水排水工程建设标准体系分析

1. 基本情况

城镇给水排水工程建设涵盖城市的给水系统、排水系统以及相关辅助设施，在国民经济中占有较大比重，是维持工业生产、居民生活的必备要素。中华人民共和国成立前，我国城镇化建设相当落后，绝大多数城镇没有完整的给水排水系统；中华人民共和国成立后，我国逐步开始了城镇化建设，但城镇化相对较慢；1978年我国开始实行改革开放政策，改革开放以来，社会经济快速发展，尤其是进入21世纪后，我国的经济建设飞速发展，城镇化建设也取得了相当大的成就，在城镇化建设过程中，逐渐突显出了城市基础设施建设尤其是城镇给水排水设施建设的重要性。尽管我国城镇给水排水设施建设速度略为滞后于城镇化建设速度,但改革开放40多年来,我国城镇给水排水系统从无到有,从不完善到逐步完善,建设了大量给水排水设施,取得了丰富的城镇给水排水工程建设经验。

城镇给水排水建设工程标准体系是国家工程建设标准体系的重要组成部分,历来受到政府主管部门重视。2008年11月3日,全国城镇给水排水标准化技术委员会(SAC/TC 434)成立,主要负责城镇给水排水标准化工作。目前,城镇给水排水标准体系已基本建成。我国现行城镇给水排水标准体系基本符合我国城镇给水排水技术发展需要,覆盖了城镇给水排水工程建设全生命周期技术活动,有力地支持了城镇给水排水工程建设。

目前给水排水工程建设标准体系可通过工程建设标准化信息网查询,基本收录了2012年以前已发布的国家标准、行业标准,并对预计制订的标准进行整理。我国现行给水排水工程建设标准体系结构如图2-8所示,涵盖了给水排水工程全生命周期过程勘察设计、施工验收、运行管理的技术标准,分为4个层次,分别为综合标准、基础标准、通用标准和专用标准。综合标准,目前只有一项标准《城镇给水排水技术规范》(GB 50788—2012);基础标准,分列了术语和图形符号标准两个门类;通用标准,分为给水排水工程、给水排水管道工程、建筑给水排水工程、节约用水和再生水工程、运行管理5个门类;专用标准,与通用标准相对应,分为5个门类,名称与通用标准相同。

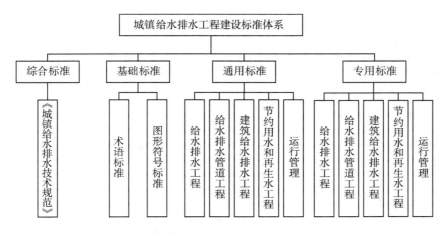

图 2-8 我国给水排水工程建设标准体系结构图

2. 城镇给水排水工程建设标准数量

根据工程建设标准化信息网统计城镇给水排水工程建设标准数量及制修订情况,并增加统计近几年发布的标准、已更新的标准等。随着我国城镇建设与新农村建设步伐的加快,相关的工程建设标准体系正在逐步完善,标准数量的增长与标准内容的修订应及时进行更新,以更好地指导工程建设实践活动。我国除了住房和城乡建设部标准定额司主导工程建设国家标准、行业标准等制修订外,中国工程建设标准化协会是国内工程建设标准化领域具有重要影响的从事标准制修订、标准化学术研究、宣贯培训、技术咨询、编辑出版、信息服务、国际交流与合作等业务的专业性社会团体,已累计发布500多项团体标准。

新《中华人民共和国标准化法》第二条规定"标准包括国家标准、行业标准、地方标准和团体标准、企业标准"，首次明确团体标准的法律地位。团体标准和企业标准属于市场标准，由市场自主制定；国家标准、行业标准、地方标准属于政府标准，由政府主导制定。政府标准与市场标准协同发展、协调配套，市场标准除了快速反应市场需求外，其承载的一个重要功能就是创新。因此需要把团体标准纳入工程建设标准体系中来，进一步丰富和完善工程建设标准体系。本书主要依据国家工程建设标准化信息网，结合工程建设标准近年来标准更新和团体标准发布情况等，将现行城镇给水排水工程建设标准进行统计和分析，统计情况见表2-3，各层次标准分布情况见图2-9。

表 2-3 城镇给水排水工程建设标准统计表

项目	待编	现行标准	总数
综合标准	0	1	1
基础标准	2	2	4
通用标准	7	23	30
专用标准	23	86	109
合计	32	112	144
所占比例	22.2%	77.8%	

注：本研究只统计工程建设相关标准，时间截止到2018年。

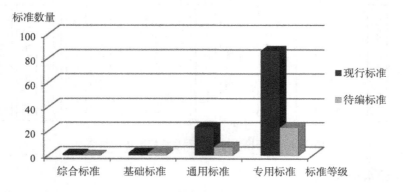

图 2-9 城镇给水排水工程建设标准分布情况

112项现行城镇给水排水工程建设标准中，国家标准28项，行业标准48项，团体标准36项，可以看出目前我国城镇给水排水工程建设标准主要以行业标准为主，其次为团体标准，再次为国家标准，各层次标准比例见图2-10。

图 2-10　城镇给水排水工程建设标准各层次分布情况

3. 城镇给水排水工程建设标准体系结构

给水排水专业学科是市政工程中综合性很强的交叉学科,涉及水利、水文、地理、地质、生物、化学、机械、电气等多个学科,相关研究成果表明我国目前已建立城镇给水排水行业工程建设及产品标准体系。根据城镇给水排水工程建设标准数量统计成果,通过分析标准体系层次性和复杂性的特点,引入霍尔三维结构模型理论,从对象、阶段、等级三个维度构建覆盖城镇给水排水工程全生命周期的标准体系,给水排水工程建设标准体系结构见图 2-11。城镇给水排水工程标准体系在对象维度上划分为给水排水工程、给水排水管道工程、建筑给水排水工程、节约用水和再生水工程和运行管理;从阶段维度上可划分为勘察、设计、施工、验收和运行,涵盖给水排水工程整个全生命周期阶段;在等级维度上划分为综合标准、基础标准、通用标准、专用标准。

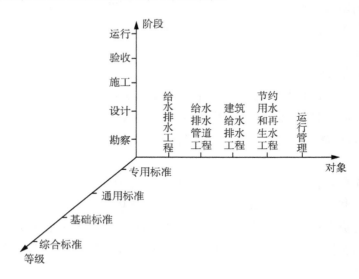

图 2-11　城镇给水排水工程建设标准体系结构图

4. 城镇给水排水工程建设标准的时效性和适用性分析

根据城镇给水排水工程建设标准体系中各标准发布时间,统计标龄分布情况,如图 2-12 所示。由图 2-12 可知,5 年内标龄的标准数为 54 项,占比 48%;5~10 年标龄的标准数量为 30 项，占比 27％；10～20 年标龄的标准数量为 27 项，占比为 24％；20 年以上标龄的标准数量只有 1 项，为《居住小区给水排水设计规范》(CECS 57—94)，占比为 1％。国际上，ISO 标准每 5 年复审一次，平均标龄是 4.92 年；我国标准化法规定标准的复审周期一般不超过 5 年，经过复审对不适应经济社会发展需要和技术进步的应当及时修订或者废止，而 5 年以上标龄的标准数量为 58 项，占比为 52％。因此，目前我国城镇建设给水排水工程标准存在标龄偏大、适用性不强等问题，应加强标准修订工作，对于不适合我国国情的标准，应给予修订或废止，保证标准的科学性和先进性，有效指导我国给水排水工程实践活动。

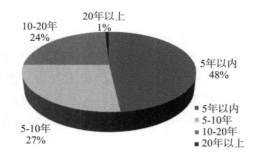

图 2-12　城镇给水排水工程建设标准体系标龄分布图

5. 城镇给水排水工程建设标准体系存在的问题

通过对我国城镇给水排水工程建设标准的数量、体系结构、时效性和适用性分析，我国城镇给水排水工程建设标准体系存在的主要问题是：

(1) 标准标龄偏大，适用性不强。

(2) 国际标准采标率低。

(3) 标准体系层级不清、相互重叠。主要表现在以下两个方面：强制性标准与推荐性标准之间界限不明；国家标准、行业标准、地方标准界限不明。

(4) 标准体系结构失衡，存在空白。在现行 112 项标准中，综合标准和基础标准仅有 3 项，明显偏少。

(5) 标准技术水平有待提高。有关海绵城市建设的新技术相关技术标准缺失，有待补充完善；标准制定与技术研究开发脱节，基础标准不够完善，制约了我国给水排水标准整体技术水平的提高；部分门类标准缺失或不够完善，尤其在高新技术领域，标准制定不能及时适应市场及技术快速变化和发展的需求，导致标准制修订滞后，严重影响了我国相关领域的国际竞争力。

6. 城镇给水排水工程标准体系构建可以借鉴的经验

我国现行城镇给水排水技术标准体系虽然在一定程度上还存在标龄偏大、层级不清、结构失衡等问题，但是，城建标准化建设一直受到政府主管部门的重视，自 2008 年 11 月 3 日成立全国城镇给水排水标准化技术委员会(SAC/TC 434)以来，住房和城乡建设部持续不断开展城建行业标准化建设，先后发布多版城建技术标准体系，取得了丰富成果,有力地支持了我国城镇给水排水工程建设。

目前,城镇给水排水标准体系已基本建成,现行给水排水标准体系基本符合我国城镇给水排水技术发展需要,覆盖了城镇给水排水工程建设全生命周期技术活动。我国大量给水排水工程建设和运行管理实践经验表明,现行给水排水工程建设标准,基本能够较好地满足我国城镇给水排水工程建设和运行管理的需要。

城镇给水排水工程建设是水环境治理工程的重要组成部分,城建行业在标准化建设方面已取得的经验具有很好的借鉴意义。因此,构建水环境治理技术标准体系可以借鉴城镇给水排水工程建设标准体系中的给水排水工程、给水排水管道工程、节约用水再生水工程等专业的现行技术标准或根据水环境治理工程的特点适当修改后采用,可以促进水环境治理工程技术标准化工作。

第五节　水环境标准体系分析

1. 基本情况

环境标准是评价环境质量优劣程度和企业环境污染治理好坏程度的尺度,也是环保部门和相关行业环境保护主管单位进行环境管理、监督执法的基础依据,是我国环境保护法规的具体化、指标化,是贯彻实施我国各项环境保护管理制度的标准依据。无论是环境规划、环境治理、环境评价、取水许可、排污许可,还是环境技术开发和产品生产等活动,都离不开以环境标准作依据。

自 1973 年全国第一次环境保护会议发布第一个环境保护法规标准《工业"三废"排放试行标准》(GBJ 4—73)以来,迄今环境保护行政主管部门已经发布了一系列的环境标准,特别是在 1982—1989 年我国相继发布了《中华人民共和国海洋环境保护法》《中华人民共和国水污染防治法》《中华人民共和国环境保护法》等法律法规后,发布了一系列环境保护标准,从而形成了我国比较完整的环境标准体系。

经过 40 余年的发展,目前我国已初步形成涵盖大气、水、土壤、固体废弃物、噪声和辐射等一系列环境保护领域的较为完善的环境标准体系。我国环境标准体系可概括为三级五类。三级主要指国家标准、地方标准和行业标准;五类主要指环境标准体系已覆盖环境质量标准、污染物排放标准、环境监测方法标准、环境标准样品标准和环境基础标准,其体系构成见图 2-13。

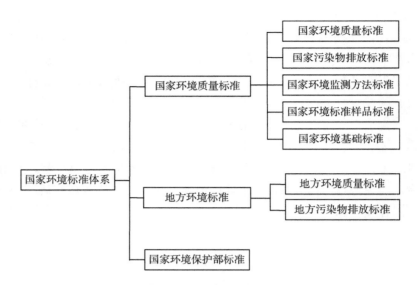

图 2-13　我国环境标准体系

2017 年 4 月生态环境部发布《国家环境保护标准"十三五"发展规划》，截至"十二五"末期，我国已累计发布国家环保标准 1 941 项，废止标准 244 项，现行标准 1 697 项。在现行环保标准中，环境质量标准 16 项、污染物排放（控制）标准 161 项、环境监测方法标准 1 001 项、环境管理规范类标准 481 项和环境基础标准 38 项；另外，环境保护部备案的现行地方环境质量标准 2 项，地方污染物排放标准 146 项，我国环境标准体系的主要内容得到了全面发展。

2. 水环境标准数量

经过多年的积累，我国目前在水环境保护领域制定发布实施一系列标准，基本形成水环境保护标准体系，主要分为水环境质量标准、水污染物排放标准、水环境监测方法标准、水环境标准样品标准、水环境基础标准、水环境卫生标准、水环境管理标准。其中水环境质量标准和水污染物排放标准是水环境标准体系的核心内容，是水环境监测的依据。水环境监测方法标准是为满足水环境质量标准和污染物排放标准实施的需要和满足环保执法、管理工作需要而制订的，是实现水环境保护科学管理的技术支撑。水环境基础标准、水环境卫生标准和水环境管理标准是整个水环境标准体系的基础，保障了整个标准体系密切配合、协调运转。

通过梳理生态环境部环境保护标准版块和标准样品研究所标准版块已发布实施的国家标准、行业标准发布实施情况，统计水环境标准相关信息。截至 2019 年 3 月 31 日，水环境标准体系标准共计 547 项，其中，水环境质量标准 5 项、水污染物排放标准 62 项、水环境监测方法标准 242 项、水环境标准样品标准 205 项、水环境基础标准 9 项、水环境卫生标准 12 项、水环境管理标准 12 项，其统计情况见图 2-14 和图 2-15。

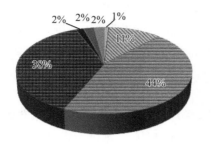

图 2-14　水环境标准体系各类别标准统计图

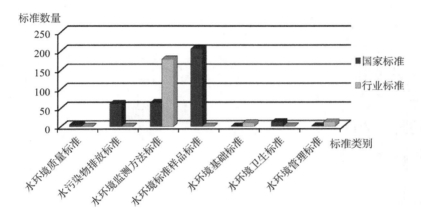

图 2-15　水环境标准体系各类别标准分布情况

通过图 2-14 可知,我国目前水环境标准体系中水环境监测方法标准占比较大,占到 44%,总量丰富,但资源庞杂分散;水环境标准样品标准作为在水环境保护工作中,用来标定仪器、验证测量方法、进行量值传递或质量控制的材料或物质,共计 205 项,占水环境标准总数的 38%,可见水环境标准样品标准在整个水环境标准体系中地位的重要性;水环境质量标准最少,占到 1%,且已发布的地表水、地下水、海水、农田灌溉水、渔业等水质标准发布年代较远,已不能全面、准确反映各自的环境污染特征,无法满足环境管理需求,亟须修订。

另外,针对不同标准类别,标准属性差别较大。水环境质量标准全部为国家标准,主要为国家环保部门针对地表水、地下水、海水、农田灌溉水、渔业等水质进行规定,满足相应水质在物理、化学、生物学性质方面所应达到的要求;我国实行污染物总量控制制度,国家相关部门针对不同行业污染物排放都会作出硬性规定,因此水污染物排放标准全部为国家标准且为强制性标准,包括《污水综合排放标准》(GB 8978—1996)以及无机化学工业、制毛及毛皮加工工业、合成氨工业、柠檬酸工业等不同行业水污染物排放标准;水环境监测方法标准中国家标准、行业标准分别占 26.4% 和 73.6%,主要是针对水质指标的监测分析方法，也包括部门自动在线监测系统和分析仪相关技术标准；鉴于水环境标准样品标准主要用于校准、检验分析仪器，配制标准溶液，分析方法校准等，以确保监测的准确性和可对比性，因此标准样品标准全部由全国标准样品技术委员会组织制定，均为国家标准。

3. 水环境标准体系结构

查阅相关资料，目前水环境标准体系并没有系统性的说明，标准体系结构没有相应分析成果，因此，参照我国环境保护标准体系架构，将水环境标准体系分为水环境质量标准、水污染物排放标准、水环境监测方法标准、水环境标准样品标准、水环境基础标准、水环境卫生标准、水环境管理标准，每类标准依据主要标准类别，细分为若干类，标准体系结构见图2-16，它们是一个相互衔接、密切配合、协调运转、不可分割的有机整体。

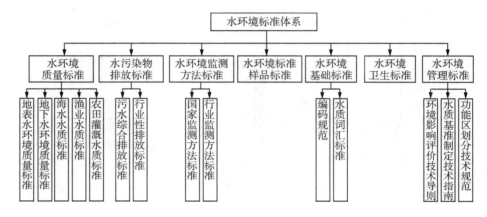

图2-16 水环境标准体系结构图

4. 水环境标准的时效性和适用性分析

根据水环境标准体系中各标准发布时间，统计标龄分布情况，如图2-17所示，其中5年以内标龄的标准数量为83项，占比15%；5~10年标龄的标准数量为83项，占比15%；10~20年标龄的标准数量为274项，占比50%；20年以上标龄的标准数量为107项，占比20%。水环境标准体系中各阶段标准分布较为均匀。

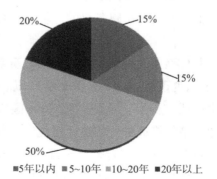

图2-17 水环境标准体系标龄分布图

综上所述,5 年以上标龄标准数量占比 85％,特别是 20 年以上标龄的标准数量占比较大,占到所有标准的 20％,部分水环境质量标准、水环境监测方法标准、水环境标准样品标准发布实施年代久远,如《渔业水质标准》(GB 11607—89)、《地下水质量标准》(GB/T 14848—93)、《水质 pH 值的测定 玻璃电极法》(GB 6920—86)、《水质 溶解氧的测定 碘量法》(GB 7489—87)、《水质 总硬度》(GSB 250007—88)等,相关标准已无法满足相关环境管理需求,无法有效指导环境监测工作,因此应结合水环境保护与管理的实际需要进行制修订,编制相关的国家标准或行业标准替代现有标准。

另外,水环境监测方法标准作为水环境标准体系中数量最多的一类标准,国家标准、行业标准数量分别为 64 项、178 项,占比为 26％和 74％,见图 2-18。需要特别强调的是,水环境监测方法标准中国家标准全为 20 世纪 90 年代发布实施的标准,部分水质监测指标并不能完全反映我国目前水环境污染状况,而且监测方法、精度、水质环境质量目标等,已与当前水环境要求不相适应,因此加快水环境标准制修订尤其是加快水环境监测方法标准中国家标准的制修订以及废止相关标准,是完善我国水环境标准体系的重要组成部分,能以此提高我国水环境监测数据质量,满足水环境管理需求。

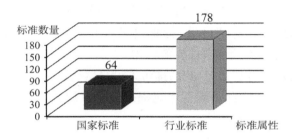

图 2-18　水环境监测方法标准属性分析图

5. 水环境标准体系存在的问题

进入 21 世纪以来,虽然我国水环境标准建设取得了较为长足的进步,但还在一定程度上存在不足。例如,就水环境标准的覆盖范围而言,在部分领域或行业还存在一定空白,如水生生物监测分析方面的标准;就水环境标准的数量而言,目前从总体上看总量控制的标准还比较少,特别是专门针对公众健康等方面设定的标准存在一定不足;就水环境标准的制定而言,制定环境标准的机构不够中立,制定程序也不够完善,尤其是公众参与制定环境标准还不够,从而在一定程度上影响了水环境标准的公正性和权威性;从标准与标准之间的关系来看,部分标准针对同一环境要素存在着数值交叉等问题,特别是不同水质指标监测分析方法存在多种国家标准、行业标准。因此,当前水质监测分析还没有实现一个监测项目对应一种标准方法的基本目标。具体来看,我国现行水环境标准主要存在以下问题:

(1) 部分国家标准制定或修订较为滞后

目前我国部分水环境质量标准已经不能客观、准确地反映我国河湖水环境污染的真实情况和特征,如《地表水环境质量标准》(GB 3838—2002)、《地下水质量标准》

（GB/T 14848—93）等涉及地表水、地下水水环境质量标准制定时间较早，修订滞后，影响大，已无法满足当前相关环境管理需求，以及推进生态文明建设和建设美丽中国的要求，因此，对相关标准进行及时制修订极为必要。①水污染物排放标准：虽然目前单独针对纺织染整、炼焦化学、钢铁工业、化肥工业、金属工业等不同行业已制定相关的水污染物排放标准，但部分标准已不能充分反映行业发展和环保技术进步，应结合各项政策制度及时更新，减少标准与标准之间存在的相互冲突现象。②水环境监测方法标准：一方面现实中需要监测的环境污染物因子越来越多，另一方面，由于现行的水环境监测方法和技术落后，导致实践中监测数据的真实性要打一定折扣。③水环境基础标准和水环境标准样品标准同样需要进行完善，以提高标准的实际操作性，来满足水环境管理的需要。

（2）水环境标准与水环境管理制度不匹配

我国实行中央统一领导，地方环保部门对各地环境事务各司其职、对地方环境质量负责的环境管理制度，现行与环境保护标准有关的环境管理制度主要包括环境影响评价、总量控制、排污许可等制度。与国外对比可知，我国现行的环境管理及其制度过度依赖国家标准，追求统一性，虽具有普遍适用性，但具体到不同地区的环境保护现状，就显得很不适应，缺乏因地制宜，造成区域、行业的不平衡发展，甚至出现耽误发展的情况。比如污染物排放标准是企业污染物排放的依据，也是环保部门监管的依据，但如果各地不能因地制宜细化与落实，搞"一刀切"的排污许可必然会造成区域、行业苦乐不均，甚至出现"合规性伤害"等问题，因此不同省市应根据经济发展状况、水环境功能区划对水质要求等合理制定各行业污染物排放标准。

（3）水环境监测方法问题较为突出

首先，虽然水环境监测方法标准数量较多，但监测方法欠缺体系性，且部分方法存在不同程度的陈旧、繁琐等问题，尤其是国家标准；其次，我国现有109项地表水监测项目，还没有达到一个项目一个国家标准分析方法的最低要求，现有监测方法以重金属和综合性指标为主，国内外关注度较高、对人体健康危害较大的痕量有毒有机污染物，像12种典型POPs和新型POPs污染物如多溴联苯醚（PBDEs）、烷基酚、短链石蜡等具有内分泌干扰作用的环境激素还未建立国家标准方法；再次，我国水环境监测方法标准存在国际标准方法的转化率较低，实验室配置能力和技术人员素质参差不齐等问题，因此，应借鉴发达国家经验，提高国际标准采标率，如日本和欧盟在建立监测分析方法时，非常注重国际标准的吸纳和利用，往往直接把国际标准化组织、欧洲标准化委员会等标准化组织的标准转化为国内标准，不但提高了标准的制定效率，同时也增加了标准体系和监测结果的国际认可度。

（4）环境标准科研与基础条件有待加强

我国环境基础标准研究仍处于初步阶段，在环境质量标准制定过程中借鉴的国外基准，对我国环境形势和问题的针对性、适用性可能不够。环保标准的制修订需要大量实际数据作为基础和支撑，但目前标准制修订过程中，实地调研不够充分，数据收集不够全面,重点行业主要污染节点、特征因子、作用机理以及相应的控制技术路线不够强,重要基础数据和科研成果的信息共享程度不够,"定标准需要数据、调查数据需要依据标准"的矛盾存在,影响排放标准制修订质量。特别是在环境监测类标准制修订方面,重实验室分析,轻样品采样、保存、干扰消除以及前处理方法研究的现象相对突出,导致环境监测标准与环境质量标准、污染物排放标准配套设施的适用性不强。

6. 水环境标准体系构建可以借鉴的经验

我国现行水环境技术标准体系虽然在一定程度上还存在部分国家标准制定或修订较为滞后、水环境标准与水环境管理制度不匹配、水环境监测方法问题较为突出、水环境标准科研与基础条件有待加强等问题,但是我国多年来陆续在水环境领域制定发布实施了一系列标准,基本形成水环境标准体系。我国水环境管理实践经验表明,现行水环境标准基本能够较好地满足我国水环境管理、监督执法等方面的需要。

水环境标准是水环境治理工程的重要组成部分,环保行业标准在标准化建设方面已取得的经验具有很好的借鉴意义。因此,构建水环境治理技术标准体系可以借鉴我国现行水环境标准体系中的水环境质量、水污染物排放、水环境监测方法、水环境标准样品、水环境基础等技术标准或根据水环境治理工程的特点适当修改后采用,可以促进水环境治理工程技术标准化工作。

第六节　水生态系统保护与修复技术标准体系分析

1. 基本情况

水生态系统保护与修复技术标准体系是一系列针对水生态系统保护与修复过程中涉及的工程技术标准的集成,但是由于我国水生态系统保护与修复在一定时期内未得到充分重视,水生态系统退化,对水生态系统保护的研究工作起步较晚,相关技术研发与应用都相对滞后,目前我国并没有形成较为系统、完整、单独成体系的水生态系统保护与修复技术标准体系。虽然水利部已经在水利技术标准体系表中列出了部分水生态系统保护与修复相关的技术标准,但数量较少,且未成系统,分散在部分专业门类内,现行国家标准规范与"山水林田湖草是生命共同体"理念要求仍存在较大差距,相关水生态保护与修复技术标准缺乏,尚无法指导开展水生态系统保护与修复工程的技术支撑工作,因此需要系统梳理和研究水生态保护与修复技术标准体系。

水生态系统是自然界的重要组成部分,对其进行保护与修复涉及多行业、多部门,是一项复杂的系统工程。水生态保护与修复在我国尚处于初期阶段,很多工作仍在不断探索中,标准的制定需要循序渐进,不断完善。我国部分学者针对水生态系统保护与修复技术标准体系建设框架进行研究,整合已有国家标准、行业标准等以及需要制修订的标准项目,提出相关技术标准体系建设框架。所提出的技术标准体系框架紧密结合我国水资源及水生态系统的特点，基本体现了水生态系统保护与修复的系统性、实用性及指导性原则，不仅涵盖基础调查、监测、评价、规划、设计及施工等过程，也综合考虑水文学、水化学、水生态学、地质地貌、栖息地，乃至社会经济的制约性等因素，以支撑相关领域的技术标准体系建设工作。

2. 水生态系统保护与修复技术标准数量

根据相关研究成果及标准更新完善，收集整理水生态系统保护与修复相关的技术标准，按照水生态系统保护与修复的工作流程，主要从综合技术、调查评价、规划、设计施工、验收管理 5 个方面，构建水生态系统保护与修复技术标准体系。技术标准体系所列标准共计 73 项，各部分标准情况详见表 2-4。

从表 2-4 可以看出，水生态系统保护与修复技术标准体系现行标准、待编标准分别为 21 项、52 项，分别占标准总量的 28.8%、71.2%，现有标准体系现行标准数量偏少，因此应加大相关标准的制定力度，尽快开展行业急需标准的制定工作，更好地推动水生态系统保护与修复行业发展，满足水生态系统保护与修复的迫切需求。在各分类标准中，由于水生态系统的多样性，设计施工、验收管理、规划标准总数分别为 29 项、15 项、12 项，是整个修复工程的核心组成部分，因此需制定系统的技术标准，规范工程建设的各阶段，确保水生态系统保护与修复工程实行生态规划、生态设计、生态施工、生态管理。

表 2-4　水生态系统保护与修复技术标准统计成果表

项目	现行	待编	总数
综合技术	7	2	9
调查评价	1	7	8
规划	4	8	12
设计施工	6	23	29
验收管理	3	12	15
合计	21	52	73
所占比例	28.8%	71.2%	—

3. 水生态系统保护与修复技术标准体系结构

我国水生态系统保护与修复技术标准体系并没有单独的标准体系，根据相关研究成果和报道以及工程建设标准特点，构建水生态系统保护与修复技术标准体系结构，见图 2-19。横轴按照工程全生命周期划分，分为"综合技术"、"调查评价"、"规划"、"设计施工"和"验收管理"5 个方面内容，竖轴按照工程标准层次划分，分为基础层、通用层和专用层 3 个层次。

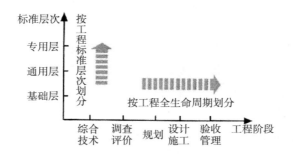

图 2-19　水生态系统保护与修复技术标准体系框架结构

4. 水生态系统保护与修复技术标准的时效性和适用性分析

已发布实施并纳入水生态系统保护与修复标准体系的国家标准、行业标准数量并不多,依据相关研究成果及标准更新情况统计水生态系统保护与修复技术标准数量,共计21项,其中国家标准5项、行业标准16项,见图2-20。国家标准集中在水生态系统保护与修复技术标准,而行业标准分布在规划、设计施工、验收管理等工程实施阶段,有效指导工程的具体实践。在已发布实施的21项标准中,5年内标龄的标准数为2项,占比10%;5~10年、10~20年、20年以上标龄的标准数量分别为10项、8项、1项,占比分别48%、38%、5%,标龄分布见图2-21,表明现有水生态系统保护与修复标准存在标龄偏大、适用性不强等问题。因此应加强标准修订工作,对于不适合我国国情的标准,应给予修订或废止,保证标准的科学性和先进性,有效指导我国水生态系统保护与修复工程实践活动。

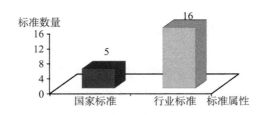

图 2-20　水生态系统保护与修复技术标准属性图

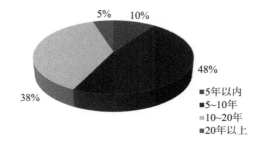

图 2-21　水生态系统保护与修复技术标准体系标龄分布图

5. 水生态系统保护与修复技术标准体系存在的问题

我国在水生态系统保护与修复领域标准化工作相对滞后，为提高水生态系统保护与修复技术标准体系的系统性、实用性、指导性，满足水生态系统保护与修复工作的迫切需求，研究提出新的水生态系统保护与修复技术标准体系是十分必要的，目前水生态系统保护与修复技术标准体系存在的问题主要有：

（1）缺乏统一的标准体系

目前我国尚未发布正式的、系统的水生态系统保护与修复技术标准体系，水生态系统保护与修复技术标准较其他工程建设行业标准发展相对滞后，难以满足现阶段水生态系统保护与修复的实际要求，特别是当前生态文明建设新要求，因此亟须科学合理地构建水生态系统保护与修复技术标准体系。

（2）标准数量偏少

目前水生态系统保护与修复技术标准体系中标准总计73项，其中21项发布、52项待编，标准数量严重偏少且待编标准数量偏多，相关行业标准制定力度不足，导致水生态系统保护与修复技术标准不能满足水生态系统保护与修复工程对标准规范的需求，除增加已发布实施的相关国家标准、行业标准丰富完善现有标准体系外，加大相关标准制定的力度，加快亟须标准制修订工作，有效指导水生态系统保护与修复工程，补充完善水环境治理技术标准体系，推动水环境治理行业健康、有序发展。

（3）标准标龄偏大

通过分析现行水生态系统保护与修复技术标准体系中的标准发布年份，5年内、5年以上标龄的标准数分为2项、19项，占比分别为10％、90％，表明现行水生态系统保护与修复技术标准体系存在标龄偏大、适用性不强等问题，标准的科学性和先进性有待提高，已不能有效指导我国水生态系统保护与修复工程实践活动。

（4）标准技术内容先进性不足

随着水生态系统保护与修复行业的快速发展，水生态保护与修复的新技术、新材料、新工艺、新装备不断涌现，并在实际工程建设中得到大量使用。由于水生态系统保护与修复标准制定的滞后性，新技术、新材料、新工艺、新装备等高新技术并没有在现有标准中得到反映，相关标准大量缺乏，导致技术内容先进性不足，无法满足水生态系统保护与修复实际工作的需要。

6. 水生态系统保护与修复标准体系构建可以借鉴的经验

我国现行水生态系统保护与修复技术标准体系虽然在一定程度上还存在缺乏统一的标准体系、标准数量偏少、标龄偏大、标准技术内容先进性不足等问题，但是我国近年来水环境治理工程建设和运行管理实践经验表明，现行水生态系统保护与修复工程建设标准，一定程度上支持了我国水生态系统保护与修复工程建设和运行管理的需要。

水生态系统保护与修复工程建设是水环境治理工程的重要组成部分，水生态系统保护与修复工程标准化建设方面已取得的经验具有一定的借鉴意义。因此，构建水环境治理技术标准体系可借鉴水生态系统保护与修复技术标准体系中现行技术标准或根据水环境治理工程的特点适当修改后采用,可以促进水环境治理工程技术标准化工作。

第七节　城镇园林技术标准体系分析

1. 基本情况

近年来,在城市建设逐渐向低碳环保、绿色生态型过渡的社会趋势下,风景园林成为环境建设愈加重要的组成部分,逐步走向市场化,为风景园林事业的蓬勃发展提供了更加广阔的平台。

我国城镇园林技术标准体系隶属于风景园林行业技术标准体系,覆盖了园林绿化工程建设的各个环节。我国的风景园林标准化工作起步较晚,从 20 世纪 70 年代后期开始制定风景园林技术标准,至今只有 40 多年的历史。我国城镇园林标准化建设大概分为以下几个重要的历史阶段:

(1) 萌芽阶段(1978—1991 年)

1983 年我国开始制定和规范风景园林技术标准的工作,最早的"工程建设标准体系"由城乡环境保护部组织编制,列出风景园林技术标准体系的各类标准总计 187 项,涉及园林工程标准和产品标准等多方面内容,但因体系内容繁杂、分类不清,并未按此标准施行。第一部风景园林专业的工程技术标准于 1986 年颁布实施,标志着风景园林标准化的萌芽和起步。

(2) 探索阶段(1992—2002 年)

1993 年国家建设部再次制定"建设部技术标准体系表",将园林专业名称定为"风景、园林、绿化专业",归属于"城镇环境与卫生标准"类。园林标准体系按内容划分为工程标准和产品标准两类,按法律效力分为强制性和推荐性两类标准,所列标准总计 60 项。虽然并未正式批准,但 1992—2002 年这十年间都是按此体系实施。这个阶段未明确提及"城镇园林标准"这一概念,随着时间推移,城镇园林标准的起草和编制逐渐受到重视。

(3) 发展初期(2003—2008 年)

2003 年为适应市场需求,颁布并实施的《工程建设标准体系》将风景园林标准作为一个体系施行并推广,在此体系框架中风景园林标准被分为"城镇园林"、"风景名胜区"和"园林综合性"三部分,标志着我国首次将城镇园林作为一个具体的门类列出,部分城镇建设中的急需标准开始了制订工作或已列入计划内,但远远不能满足城镇园林建设的实际需要。

(4) 发展盛期(2009 年—至今)

2009 年为加快风景园林标准体系的科学化和系统化进程,在原《工程建设标准体系》的基础上进行调整修订,综合性更强、应用范围更广,城镇园林标准部分增加了多项行业急需标准,并将原有信息类标准划归到相关行业标准体系中。此版体系虽未正式颁布,但已得到业界专家学者的认可。2011年之后，在国家标准和行业标准进步的同时，地方标准也逐渐起步，各地纷纷响应城镇建设的热潮，已编制大量适合当地特色的城镇园林建设标准，其中北京、上海、山东等省市的地方标准发展较为迅速，覆盖面较广。到目前为止，风景园林技术标准体系已基本按2009年版施行，并取得了一定的突破和进展，对风景园林行业工作起到了很好的指导作用。

2. 城镇园林标准数量

我国目前执行的风景园林技术标准体系是最新版《工程建设标准体系（城乡建设部分）》中的一部分，这一版本较以往版本在专业技术水平上有很大的完善和提高。风景园林工程国家标准和行业标准的制订工作至今已取得了显著成就，初步构建了风景园林技术标准体系框架，体系所列标准共计51项，各部分标准情况详见表2-5。

表2-5 风景园林技术标准体系标准统计表

项目	现行	待编	总数
综合标准	0	1	1
基础标准	6	2	8
通用标准	6	7	13
专用标准	7	22	29
合计	19	32	51
所占比例	37.3%	62.7%	—

我国现行城镇园林标准体系包括两个层次：城镇园林通用标准和城镇园林专用标准。风景园林技术标准体系中所列城镇园林标准总共17项，包括通用标准5项，专用标准12项，涵盖了规划、设计、管理、评价、工程等相关内容。已发布实施9项，待编8项，在发布实施的9项标准中国家标准4项，行业标准5项。现行城镇园林标准统计情况见表2-6。

表2-6 城镇园林标准数量统计表

体系编码	标准名称	标准编号	标准状态
［2］8.2.1	城镇园林通用标准		
［2］8.2.1.1	公园设计规范	GB 51192—2016	现行
［2］8.2.1.2	公园绿地分级标准	—	拟编
［2］8.2.1.3	城市园林绿化评价标准	GB/T 50563—2010	现行
［2］8.2.1.4	城市绿地设计规范	GB 50420—2007	现行
［2］8.2.1.5	城市绿线划定技术规范	GB/T 51163—2016	现行
［2］8.3.1	城镇园林专用标准		
［2］8.3.1.1	植物园设计规范	—	拟编
［2］8.3.1.2	动物园设计规范	CJJ 267—2017	现行

体系编码	标准名称	标准编号	标准状态
[2]8.3.1.3	湿地公园设计规范	—	拟编
[2]8.3.1.4	绿道规划与设计规范	—	拟编
[2]8.3.1.5	居住绿地设计规范	—	拟编
[2]8.3.1.6	城市道路绿化规划与设计规范	CJJ 75—1997	现行
[2]8.3.1.7	风景园林建筑设计规范	—	拟编
[2]8.3.1.8	园林绿地水景工程技术规范	—	拟编
[2]8.3.1.9	园林绿地电气设计标准	—	拟编
[2]8.3.1.10	国家重点公园评价标准	CJJ/T 234—2015	现行
[2]8.3.1.11	动物园管理规范	CJJ/T 263—2017	现行
[2]8.3.1.12	垂直绿化工程技术规程	CJJ/T 236—2015	现行

3. 城镇园林标准体系结构

风景园林标准体系是一个数量多、内容复杂、专业性强的体系,但其中各个领域的标准化程度并不均衡,因此,标准体系以框架形式进行体系构建。现行风景园林标准体系分为三个层次:第一层为基础标准,指在风景园林专业范围内,作为其他标准的基础,具有广泛指导意义的标准,包括风景园林术语、分类、制图和标志标准;第二层为通用标准,指针对某一类标准化对象制订的共同性标准,根据风景园林实际需要可分为"城镇园林""风景名胜区""园林综合性"三大类;第三层为专用标准,指针对某一具体化对象制订的个性标准,延续上一层次的划分,包括"城镇园林专用标准""风景名胜区专用标准""园林综合性专用标准",详见图2-22。

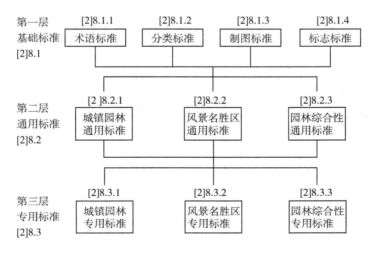

图 2-22 风景园林标准体系结构图

目前城镇园林标准体系并没有单独的标准体系，而是风景园林技术标准体系的一部分，见图2-23。横轴分为"城镇园林"、"风景名胜区"和"园林综合性"三块内容，竖轴为基础层、通用层和专用层三个层次。当前划分方式缺乏依据，致使体系的系统性和条理性不够，也使得每部分内容下属标准彼此之间缺乏联系和逻辑关系，制约着风景园林标准化的发展，特别是制约城镇园林行业标准化的发展完善。

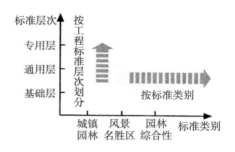

图2-23　风景园林专业标准体系框架结构

4. 城镇园林标准的时效性和适用性分析

已发布实施的并纳入城镇园林标准体系的国家标准、行业标准数量不多，依据国家工程建设标准化信息网统计城镇园林标准数量，共计9项，其中国家标准4项、行业标准5项，见图2-24。国家标准集中在城镇园林通用标准，而行业标准全部在城镇园林专用标准，这可能与工程建设标准的技术属性有关，指导工程具体实践的标准多为行业标准，工程建设新技术、新工艺变化较快，因此专用标准多采用行业标准。

在已发布实施的9项标准中，5年内标龄的标准数为6项，占比67%；5～10年、10～20年、20年以上标龄的标准数量各为1项，占比均为11%，表明现有城镇园林标准已及时修订更新，基本不存在标龄偏大、适用性不强等问题。城镇园林标准体系标龄分布见图2-25。

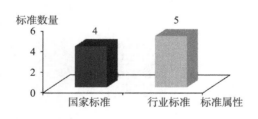

图2-24　城镇园林标准属性图

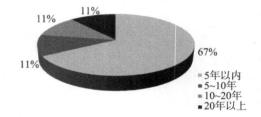

图2-25　城镇园林标准体系标龄分布图

5. 城镇园林标准体系存在的问题

我国城镇园林标准较其他工程建设行业标准发展相对滞后，难以满足城镇园林绿化的实际要求，亟须科学合理地对现行的结构体系进行调整，并建立更加适合国家和行业发展的新型标准体系。城镇园林标准体系存在的问题主要有：

（1）体系结构不够完善

目前的园林标准体系建立在纵向上符合工程建设类标准的层次划分，无需调整，但横向上被分为"城镇园林标准"、"风景名胜区标准"和"园林综合性标准"，无具体的划分依据和逻辑性。因此，需解决现行标准结构体系建设思路和逻辑性问题，才能更好地构建内容全面、层次清晰、结构合理、逻辑通顺的城镇园林标准体系，对于我国城镇园林标准化工作有着重要的指导性意义。

（2）标准覆盖面相对较窄

虽然城镇园林标准部分所列标准在内容上涉及设计、管理、评价、工程、植物等方面，但仍无法全面覆盖园林建设的各个环节。目前园林行业的标准制定相对滞后，缺乏对城镇建设上游、中游、下游全过程的系统性控制管理，例如在古典园林保护、绿道建设、生态园林等方面的关注度不够；涉及林业、旅游业、环境保护、城市规划等关联行业的标准较少提及；工程施工类标准在内容上涵盖面也较小，无法满足新技术、新工艺、新材料的发展和推广应用。

（3）标准数量偏少

我国现行的风景园林标准体系中标准总计 51 项，城镇园林标准仅 17 项，其中 9 项发布、8 项待编，标准数量严重偏少，相关行业标准制定力度不足，导致城镇园林标准不能满足涵盖全国城镇风景园林建设对标准规范的需求。因此，除增加已发布实施的相关国家标准、行业标准丰富完善现有标准体系外，还应适当参考已有相关地方标准。我国多个省市已发布实施适应当地风景园林建设特点的地方标准，如《天津市园林绿化工程监理规程》（DB/T 29‑241‑2016）、《昆明市园林绿化工程验收规范》（DG5301/T 23‑2017）、浙江省《河道生态建设技术规范》（DB 33/1038‑2007）等等，因此建议对相关的地方标准进行收集整理，针对出现频率高、适用范围广且未列入行标的标准内容，增加到现行城镇园林工程标准的结构体系中，以便更好地在全国范围内施行。

（4）体系层次衔接不够

现行城镇园林标准体系中通用标准层和专用标准层下属标准的内容上是有共性的，但二者的衔接问题并未很好地解决，导致通用标准无法覆盖所有共性内容，而专用标准的专项标准设置又不足，针对性弱。因此必须针对其具体内容妥善安排标准的技术定位和分支，结合行业特点，理顺目前标准体系的通用标准层和专用标准层的上下层逻辑关系，解决标准层之间衔接不清的问题。

（5）标准技术内容先进性不足

随着城镇园林行业发展的日新月异，新技术、新材料、新工艺、新装备不断涌现，地理信息系统、航空遥感、卫星定位等先进技术以及数学模型等新方法已开始大量使用。由于城镇园林标准制定的滞后性，新技术、新材料、新工艺、新装备等高新技术领域的标准，尤其是信息技术应用与传统领域方面的标准大量缺乏，技术内容先进性严重不足，已无法满足城镇园林绿化实际工作的需要。

6. 城镇园林标准体系构建可借鉴的经验

我国城镇园林标准隶属于风景园林行业技术标准体系。我国从 20 世纪 80 年代初开始制定风景园林技术标准，虽然至今只有 40 多年的历史，但已取得了显著成就，初步构建了风景园林技术标准体系，已成为我国现行《工程建设标准体系（城乡建设部分）》的一部分。

我国现行城镇园林标准体系虽然在一定程度上还存在体系结构不够完善、标准覆盖面相对较窄、标准数量偏少等问题，但是我国大量城镇园林工程建设和运行管理实践经验表明，现行城镇园林工程建设标准，涵盖了规划、设计、管理、评价、工程等相关内容，基本能够较好地满足我国城镇园林工程建设和运行管理的需要。

城镇园林工程建设是水环境治理工程的重要组成部分，风景园林行业在标准化建设方面已取得的经验具有一定的借鉴意义。因此，构建水环境治理技术标准体系可以借鉴现行风景园林工程建设标准体系中的城镇园林技术标准或根据水环境治理工程的特点适当修改后采用，可以促进水环境治理工程技术标准化工作。

第八节　我国水环境治理相关技术标准体系存在的问题及制约因素

1. 存在的问题

我国水环境治理长期处于"多龙治水"状态，还没有形成公认的水环境治理行业，更谈不上形成能够支撑水环境治理工程全生命周期过程技术活动的技术标准体系。

我国水环境治理相关标准分别由水利、城建、生态、环境、园林景观等部门组织编制颁发，各自有不同的目的和适用范围，工程建设技术标准与相关产品标准脱节，分散在不同体系中，没有形成以水环境治理为总体目标的技术标准体系，造成有关水环境治理工程全生命周期过程控制的标准化工作缺少完整、系统、科学的配套标准，诸多标准缺位，标龄偏长，有关标准相互交叉、重叠、矛盾。

（1）标准体系构建原则与国际标准体系不同

我国水环境治理工程涉及的水利、城建、环保等行业现行标准体系仍沿用以阶段和专业划分的原则，与国际标准体系以功能划分标准原则区别较大，难以与国际对接，不利于水环境治理工程标准"走出去"。

（2）现行相关标准体系难以清晰体现全产业链相关环节

目前我国水环境治理工程涉及的水利、城建、环保等行业现行标准体系，涵盖了规划设计、施工验收、运行维护、退役改造全生命周期的技术要求，未来将随着产业技术的发展进一步按照产品或工程项目功能细化标准编制内容，按照现行标准体系将出现综合性技术标准与功能细化技术标准混合放置的现象，不利于体现全产业链内容，同时存在标准体系分项内容与已纳入标准功能较为模糊的现象；水环境治理相关行业标准体系容易出现标准放入存在困难的情况,例如"水环境治理工程后评估"相关标准在相关标准体系中找不到合适的位置,从而导致遗漏水环境治理产业链部分环节的标准编制工作,无法较好地体现标准体系对水环境治理行业标准的指导作用。

（3）标准老化问题严重

虽然《中华人民共和国标准化法实施条例》第二十条规定,标准复审周期一般不超过五年,但实际上,我国标准更新周期长的现象比较普遍。水环境治理涉及的水利、城建、生态、环境、园林景观等主要行业标准也不例外。如城镇给水排水工程建设标准的标龄5年以上的数量为58项,占比为52%,标龄最长的已超过20年。

标准老化现象严重,是我国水环境治理相关行业标准技术水平较低、市场适应性较差的主要原因。由于水环境治理相关行业标准得不到及时更新,使得标准的技术内容既不能及时反映市场需求的变化,也难以体现科技发展和技术进步。

（4）国际采标率低

关于水环境治理相关行业标准的国际采标率,目前没有官方统计数字,据初步分析,我国水环境治理相关行业标准很少直接采用国际标准。

在改革开放之前,我国国民经济建设实行计划经济,工程建设标准主要借鉴和学习苏联的经验和技术；改革开放40年以来,我国国民经济建设逐渐实行社会主义市场经济,国际环境大有改善,随着国际交流和国内工程建设实践经验不断增多,我们积极学习发达国家的先进理念和先进技术,为适应和满足国内工程建设的高速发展需要,应及时将我国科学技术发展取得的重大成就纳入标准,不断提高我国工程建设标准水平,增强"走出去"的竞争力。我国城乡规划、房屋建筑、交通运输、水利、电力、石油化工等30余个行业和领域,组织制定了大量的工程建设标准,由1979年的175项增加至目前的7 000余项,形成了具有中国特色的工程建设标准体系。其中已有一批工程建设标准具备了国际先进乃至国际领先水平,为中国特色社会主义建设、改革和经济社会发展发挥了重要的支撑作用。

我国在编制工程建设标准时主要是根据我国大量的工程建设经验,并参考国际标准和国外先进标准,在广泛征求意见的基础上进行编制,而很少直接采用国际标准,因此,我国的工程建设标准国际采标率低。

（5）标准体系层级不清,相互重复

目前我国对工程建设标准化管理实行的是分级管理模式,工程建设标准划分为国家标准、行业标准、地方标准、团体标准和企业标准五级。其中,国家标准、行业标准、地方标准由政府组织制定,在规定的领域或行政区域内实施。但在综合管理环节上比较薄弱,除国家标准外,各级政府机构（各部委、省、市、县）基本上是各自负责制定本部门或本地区的标准。因此在需要制定什么标准、与其他标准是否协调、标准制定的透明度方面（包括标准的制定程序、计划、编制情况、实施和修订等方面）,缺乏统一的协调和相关的法律指导。

在五级管理体制下,我国工程建设标准体系中的国家标准、行业标准和地方标准在内容上存在大量重复交叉现象，造成有限的工程建设标准化工作的人力、物力在低水平上的重复劳动。究其根源在于各级标准管理机构之间缺乏有效的沟通，同时国家标准、行业标准和地方标准之间的界定不清。

（6）标准体系结构失衡，存在空白

水环境治理涉及的水利、城建、生态、环境、园林景观等行业的标准体系一方面存在着大量的重复交叉，另一方面也存在着市场急需标准的严重缺失的问题，尤其水环境治理工程勘测设计、内源污染治理、水生态修复标准体系方面最为突出。

尽管国家标准委已于2018年6月6日下发了"关于印发《生态文明建设标准体系发展行动指南（2018—2020年）》的通知"，明确了我国建立和完善生态文明建设标准体系的总体要求，提出了生态文明建设标准体系建设的指导思想、基本原则、发展目标，但是我国生态文明建设标准化现状与相关要求之间仍有较大差距，还有大量工作需要做。水环境治理归根结底是国家生态文明建设的重要组成部分，在水环境治理工程规划设计、施工验收验收、运行维护、改造退役全生命周期过程的技术活动中还存在大量技术标准空白，如水环境治理工程勘测设计、内源污染治理、水生态修复等方面的技术标准。

（7）标准的技术水平低

经过多年的积累，我国目前在城市水环境综合整治方面已编制发布了一批相关技术标准，特别是水环境治理工程涉及的水利、城建、环保等行业标准体系已基本成型，在水环境治理工程实践中发挥着重要的指导和支撑作用。

通过对水利、城建、环保等行业标准体系中的标准进行梳理分析，总体而言我国水环境治理技术标准水平相对偏低。如水利行业在中小河流治理、江河湖库水系连通、地下水严重超采区综合治理、水源战略储备工程等配套标准研制，以及水资源开发利用控制、用水效率控制、水功能区限制纳污"三条红线"配套标准和重点行业节水标准、水资源承载能力监测预警标准，实施最严格水资源管理制度相关标准等方面工作还有待加强和深入研究；城建行业在雨污分流管网建设、综合管廊建设、海绵城市建设等方面标准研制还有待加强和深入研究；节能环保产业、循环经济以及水污染防治标准研制还有待加强和深入研究。

2. 制约因素分析

（1）管理体制制约

我国的标准化法律法规体系是建立在《中华人民共和国标准化法》的基础上，由《中华人民共和国标准化法实施条例》及有关的部门规章所构成。

中华人民共和国第七届全国人民代表大会常务委员会第五次会议于1988年12月29日通过《中华人民共和国标准化法》，自1989年4月1日起施行。2017年11月4日第十二届全国人民代表大会常务委员会第三十次会议对《中华人民共和国标准化法》进行了修订，新《中华人民共和国标准化法》自2018年1月1日起施行。《中华人民共和国标准化法》发布至第一次修订历时30年，30年间我国社会、经济、环境等各方面发生了巨大变化，特别是随着我国确立社会主义市场经济体制，经济结构模式发生了较大的变化，我国加入 WTO,贸易环境条件发生了较大的变化,这些变化使得在新《中华人民共和国标准化法》施行前形成的我国标准化法律法规体系显现出许多与现实要求和形势发展不适应的问题。

尽管新《中华人民共和国标准化法》发布实施已有两年多,但与其有关的部门规章还来不及修订,标准化法律法规体系的滞后,已成为了我国标准化工作适应市场经济的体制性障碍。通过对新《中华人民共和国标准化法》的学习,新《中华人民共和国标准化法》仍存在一些体制性障碍,主要表现在以下方面:

一是条块分割的管理模式导致了标准化管理体制的低效率和标准的适应性差。

新《中华人民共和国标准化法》仍采用统一领导、分工负责、按行政区域和行业进行条块划分管理的标准化管理体制。由于沿用了政府行政管理的模式,使得标准管理层次过多,部门多,造成了工作交叉、机构重叠和责任不清,影响了工作效率,也使得标准的制修订滞后于企业和市场变化对标准的要求,降低了标准化工作的有效性。这种管理体制的弊端还在,所制定的标准大都是只考虑生产要素的产品型标准,而不是具有市场属性的贸易型标准,不能反映市场经济对标准的内在要求,也不利于发挥标准在契约维护、法律支撑、科技转化、市场准入和贸易保护的作用。此外,这种管理体制也使得我国的标准化工作在透明度、工作程序的严格性和决策的科学性等方面还存在一些问题。

水环境治理标准仍跨多部门、多行业,管理难度没有改观。

二是标准体系采用五层级结构,是标准重复交叉冲突的关键原因和解决此问题的最大制约因素。

新《中华人民共和国标准化法》规定了我国标准体系由国家标准、行业标准、地方标准、团体标准和企业标准五级标准所构成。由于行业标准是国务院有关行政主管部门组织制定的,在全国某个行业范围内统一实施,在实际操作中,行业制定的标准既可以上报为国家标准,也可以由本行业自行发布实施。因此,可以说行业标准在很大程度上应属于国家标准,它是国家标准的一种特殊形式。由于行业标准和国家标准的地位和作用重复,界限难以区分,这就决定了行业标准与国家标准肯定会重复和发生矛盾。此外,各部门分工管理本部门、本行业标准化工作的管理方式,也决定了各部门在规划和组织标准制定的过程中,必然会从本部门行政管理的需要出发,维护部门利益。

三是强制性标准的内容和表现形式不符合 WTO 规则的要求。

《中华人民共和国标准化法》将我国国家标准分为强制性标准和推荐性标准,其中强制性标准必须强制执行。而世界贸易组织/技术性贸易壁垒协定(WTO/TBT)中定义的标准是非强制性的。WTO/TBT 协议中标准和技术法规的定义如下:

标准:由公认机构批准,供通用或反复使用,为产品或相关加工和生产方法规定规则、指南或特性的非强制执行文件。标准也可以包括或专门规定用于产品、加工或生产方法的术语、符号、包装、标志或标签要求。

技术法规:强制执行的规定产品特性或其有关加工和生产方法,包括适用的管理规定的文件。技术法规也可以包括或专门规定用于产品、加工或生产方法的术语、符号、包装、标志或标签要求。

由上述定义可见，WTO/TBT 协议中标准属于非强制性的，不归属于国家立法体系，只规定有关产品特性，或工艺和生产方法必须遵守的技术要求，但不规定行政管理要求，是各方（生产、销售、消费、使用、研究检测、政府等）利益协商一致的结果。

《中华人民共和国标准化法》对强制性标准的划分与 WTO/TBT 协议的定义有很大不同。我国将强制性标准纳入标准化管理体系的做法，混淆了依法具有强制效力的技术法规与自愿采用的标准之间的界限，不利于利用非关税贸易壁垒措施在国际贸易和市场管制工作中维护国家权益，不利于防止国外的产品和技术向国内转移。

首先，从《中华人民共和国标准化》规定的强制性内容范围看，我国标准规定强制性标准的范围，比 WTO/TBT 协议中规定的技术法规的范围要宽，不符合 WTO 的要求；其次，我国现行强制性标准的制定程序仍是标准制定程序，与立法程序也相差较大，强制性国家标准虽然是由国务院批准发布或者授权批准发布，但国务院不具备立法权；第三，从强制性标准的内容看，我国强制性标准中包含了大量的技术内容如检验方法、合格评定规则，当国际组织成员国提出了通报强制性标准全文的合理要求时，我们通报的强制性标准包含了技术细节，而其他国家通报技术法规只是一些基本要求，通报内容的巨大差异对我国肯定是不利，不仅如此，我国还可能因通报内容中可能存在正当目标以外的要求，使其他成员国认为是在设置技术壁垒；第四，从强制性标准的通报情况看，将强制性标准按技术法规通报，致使一些原来的强制性标准改为推荐性标准，本身就暴露了现行标准化管理体制下确定标准属性的随意性；第五，从强制性标准执行的实际效果看，目前我国国家标准、行业标准和地方标准存在的一定的重复交叉冲突问题，导致强制性标准的权威性大大降低。

新《中华人民共和国标准化法》2018 年 1 月 1 日才正式施行，并规定只有国家标准有强制性标准。因此，水环境治理工程涉及的水利、城建、生态、环保等行业技术标准中的强制性条文应作修改，以符合新《中华人民共和国标准化法》的规定。

（2）运行机制制约

自 2015 年 3 月国务院发布《深化标准化工作改革方案》以来，我国标准化工作虽取得了一些新成绩，如 2017 年 11 月 4 日发布新《中华人民共和国标准化法》。但是，我国标准化运行机制缺少实质性变化。由于相关的配套法律法规修订的相对滞后导致了标准化管理体系的相对僵化，又共同导致了我国标准化工作的运行机制不够高效。

由于水环境治理目前没有一个实质意义上的主管部门，水环境治理标准化工作推动起来难度很大，标准化运行机制不畅。国家标准、行业标准立项找不到主管部门，地方标准立项又分属地方各级行政主管部门，各管一摊，统筹协调难度大。

新《中华人民共和国标准化法》虽明确了团体标准的法律地位，也规定国家鼓励学会、协会、商会、联合会、产业技术联盟等社会团体协调相关市场主体共同制定满足市场和创新需要的团体标准，但是并没有制定相关配套的规章制度，使得团体标准在全国团体标准信息平台上自我声明有很大限制。

（3）人才队伍制约

由于水环境治理是自 2015 年国家发布"水十条"以后才受到涉水行业的高度重视，相关技术人员大多从水利、城建、环保等行业转型而来，水环境治理人才队伍的专业技术水平参次不齐，既懂水环境治理技术又懂水环境治理标准化的专业人才更少。

从事水环境治理标准化工作的专业人才短缺是水环境治理标准技术水平偏低的主要原因之一。水环境治理标准化专业人才短缺的主要表现和产生的原因是：

一是水环境治理技术标准的制定人员基本上都是从水利、城建、环保等行业转型而来，专职的少，多为兼职的，他们中具有标准化工作资格证书的很少。由于缺乏标准化知识的培训（目前有的培训仅仅局限在标准编写格式方面，缺少水环境治理相关技术培训，这是很不够的），以及水环境治理跨多行业、含多专业，问题复杂，新技术多，技术难度大，所以，制定标准时，在技术内容的选择、标准属性的确立、标准制定程序和编写规范方面，都不同程度地存在问题。

二是水环境治理行业还没形成，标准化人才培养滞后。首先是水环境治理行业没有形成，没有主管部门，就谈不上水环境治理标准化人才培养。其次，由于标准化本身在我国的教育大纲中不是一门学科，我国高等教育的规划中没有系统的课程设置，所以在高等院校的教学计划中有关标准化课程是零散的，学科专业是非常差的。

三是水环境治理标准化人才队伍培养比较困难，成长周期长，也不稳定，标准化工作缺乏吸引力，既难以引来高素质人才，更留不住人才。一些单位认为标准化工作是国家各级政府、行业主管部门的事，标准化研究往往得不到应有的重视，甚至认为从事标准化工作的人不直接创造生产价值，是被单位"养起来的人"。有些科研单位不把标准制定项目算为科研项目，在一些人的眼中，认为制定标准就是起草薄薄几页纸的东西，还不如在学报级刊物上发表一篇文章。在科研岗位设置上，强调的是知识创新、科技创新，在创新岗位收入高，而标准研究不算创新研究，只能拿管理岗位人员工资。标准研究人员在职称评定、成果评奖中处于相对劣势。这不仅制约了标准化人才的积极性、主动性和创造性的发挥，还导致了水环境治理标准化专业人才难以寻觅，现有人才队伍也不稳定。

四是水环境治理涉及多部门管理，现行标准化管理体制带来了人才发展的不协调性。即"懂标准化的不懂水环境治理技术，懂水环境治理的不懂标准化"。标准化主管部门管理的是一、二、三产业中所有行业的标准化，带来的问题是对标准化很熟悉，但涉及到具体行业内的专业技术知识很缺乏。

五是能参与国际组织标准化活动、知晓标准化原理、懂专业、通国际贸易的高级水环境治理标准化人才更为匮乏。目前在国际标准化的有关会议中，我国能够代表国家对国际标准中的技术内容提出修改意见、在会上能与各国代表充分交流的人员寥寥无几。这极大限制了我国在水环境治理标准化领域的国际合作与交流，影响了我国标准与国际标准的接轨。

（4）投入机制制约

《国务院关于印发深化标准化工作改革方案的通知》（国发〔2015〕13 号）第十二条明

确提出加强标准化工作经费保障；要求各级财政应根据工作实际需要统筹安排标准化工作经费。制定强制性标准和公益类推荐性标准以及参与国际标准化活动的经费，由同级财政予以安排。探索建立市场化、多元化经费投入机制，鼓励、引导社会各界加大投入。

我国在"水十条"发布以前，各级政府长期重视经济发展，轻视水环境保护和水污染防治，在水污染防治和水环境治理方面投入严重不足，使得水环境治理技术研发投入也不足，既缺水环境治理技术，更缺水环境治理技术标准。"水十条"发布以后，尽管国家越发重视水环境治理，各级地方政府在水环境治理方面投入也很大，但是技术研发和技术标准制定跟不上水环境治理的需求，当前我国无论是在水环境治理技术标准管理、标准研制还是在水环境治理科研方面，投入仍不足。

经费不足、渠道单一的情况没有明显改变，是制约我国水环境治理标准体系建设的关键因素之一，也是我国水环境治理标准技术水平较低的根本原因。要保证我国水环境治理标准体系建设的顺利进行，国家应该在明确水环境治理行业归口管理部门的基础上，在管理、标准研制、水环境治理科研等方面给予足够的投入。其中，管理方面的投入包括：各级水环境治理标准化行政管理部门的成立、运行，各类水环境治理标准化研究机构和标准化技术委员会的成立、运行，国内外有关水环境治理标准化活动，水环境治理标准化人才的培养等；标准研制方面的投入包括：标准前期研究费用、国际标准的跟踪研究和转化、标准有关试验验证、标准制修订等；水环境治理科研方面的投入包括：科技创新、成果转化费用等。

在对标准化技术工作机构的工作投入方面，目前我国还没有形成真正意义上的水环境治理行业，水环境治理行业还没有统一归口管理的行政部门，没有成立全国专业标准化技术委员会，水环境治理标准化活动经费没有来源。同样，由于没有参加国际标准化会议等方面的管理费用投入，很多标准制定一线的科研人员无力参加国际标准化会议，这也是我国为何在国际标准化有关会议上官员多、专家少的原因，这也制约了我国标准方面国际交流工作的开展。

在标准研制费用投入方面。自国务院办公厅于 2015 年 12 月 30 日发布《关于印发国家标准化体系建设发展规划（2016—2020 年）的通知》以后，水环境治理相关的行业加大了各自行业的标准研制费用，但同水环境治理工程实践的需求相比，还有较大差距。

（5）研发能力制约

改革开放 40 多年，我国经济发展取得了令世人瞩目的成绩，但是，也付出了沉痛的环境代价。水污染防治和水环境治理之前长期得不到足够重视，与国外先进的水环境治理技术相比，我国在水污染防治和水环境治理技术研发方面还有较大差距。

我国水污染防治和水环境治理科研前瞻引领不够、科技创新能力不强、水环境治理科技成果转化为技术标准的通道也不够顺畅，水环境治理急需的技术标准缺失，对国家水生态文明建设的支持力度不强，这是导致我国水环境治理技术标准体系技术水平低的主要原因。而造成我国水环境治理科技创新能力弱、技术储备严重不足、科技成果不能快速转化为技术标准的原因，除了有人才队伍和投入方面障碍外，还存在着以下问题：

一是多头管理的水环境治理科技管理体制导致水环境治理科研整体统筹协调不足，创新水平不高。在水环境治理科技项目管理方面，我国目前共有多个部门分别管理多个国家级涉水科技计划，水环境治理科技管理政出多门，部门之间缺乏有效沟通，导致了科研立项交叉重复、研究经费分散部门、科研与生产实际脱节等问题，造成了科技成果水平不高，并与产业发展的需求不衔接。

二是当前市场急需的质量效益型科技成果储备不足。在水环境治理进入攻坚阶段以前，我国水环境治理科技创新的主攻方向一直以末端治理为主。我国水污染防治和水环境治理技术储备严重不足，科技成果与经济发展脱节，转化率较低，环保企业水污染防治和水环境治理技术水平普遍不高、达标不稳定。

三是水环境治理科技创新与技术标准制定工作不衔接。首先，由于我国的科技项目和标准计划分属不同部门管理，部门之间缺乏有效沟通和衔接，导致一边是科技成果大量束之高阁，而另一边是技术标准制定缺乏科技成果的有力支撑；其次，在科技创新工作中，从立项到项目验收、成果鉴定，几乎很少强调最终研究成果的标准化及推广应用问题，致使很多科技项目本可以形成技术标准的，但由于没有相应的要求，从而没有深入地进行技术的标准化的研究；此外，我国科技工作长期以来一直是"重研究、轻应用"，加之标准化工作激励机制的欠缺，使得科技成果研发者缺少参与标准化活动的动力，而且也造成了部分科技成果在产业化应用方面的熟化程度不够，难以快速转化为技术标准。

（6）思维理念制约

工程建设技术标准是一个国家工程、技术、经济、社会、政治、环境等方面的综合实力在工程建设质量、安全与效益之间的平衡和反映。

我国经过40多年的改革开放，经济发展已从高速发展阶段向高质量发展阶段迈进。要想实现我国经济的高质量发展，必须以更高、更严的技术标准给以支撑，增强各行业的竞争力。

在习近平新时代中国特色社会主义思想和习近平生态文明思想指引下，生态文明理念日益深入人心。随着人们对美好生活的向往意愿的增强，因而对人居环境质量安全也越来越重视，人们的标准意识也在不断得到提高。但由于我国长期的社会经济管理体制和运行机制，以及经济发展重数量、轻质量的惯性使然，相当一部分人对在社会主义市场经济体制下，标准和标准化工作在完善市场经济体制、加强法律法规体系建设、调整产业结构、规范市场秩序、促进科技创新、保障安全生产、环境保护以及保护国家经济安全中的作用和重要性认识不足。主要存在以下几方面问题：

①政府对标准在市场经济中的作用认识不足

政府没有把标准化工作当作完善市场经济体制的重要手段来抓，忽视了标准对法律法规的技术支撑作用；对标准在水环境治理和工业经济转型升级、产业结构调整、规范市场秩序、促进环保科技进步、保护生态环境以及标准在国际贸易中的"双刃剑"作用和重要性认识不足，由此表现为政府对标准化工作的政策、资金和人才等方面的支持力度不足。

②标准制定者对标准的作用认识不全面

标准制定者对标准的作用认识不全面主要表现为一是受传统模式影响,将标准的作用过多地局限在规范生产方面,忽视了标准的贸易属性,导致标准的针对性差;二是标准制定过多地考虑本国的生产情况,忽视了国外有关情况,导致我国标准缺乏必要的技术屏障作用;三是认为照搬国外的,就是先进的,忽视了标准的试验验证,也不考虑是否符合国内的实际。

③生产者对标准认识不足

生产者对标准认识不足主要表现为一是没有认识到标准就是竞争力,而是将标准视为"紧箍咒",只是被动地执行标准;二是没有认识到国家标准只是基本要求,而将标准当成"护身符",认为只要符合标准的就行,不去主动地跟踪先进标准;三是存在无视标准的存在,有标不依的情况。

④标准化管理模式

此外,政府主导型的标准化管理模式,也使人们普遍认为标准化就是政府的事情,理应由政府投入。这种认识影响了标准化事业多渠道投入、各利益方积极参与管理的良好机制形成。

第三章

水环境治理技术标准体系
研究与框架确定

第一节　标准体系构建方法论

1. 系统论构建方法

标准体系构建方法论是标准体系建设的基本原理和方法程序，主要研究探讨标准体系建设的内涵、原则、分类、程序、方法等理论关系，以便科学、有效地指导标准体系建设。麦绿波的专著《标准学——标准的科学理论》对标准体系建设的方法论作了较为深入的研究、论述，本研究仅从系统论方面对标准体系构建方法论作初步探讨。

根据现行国家标准《标准体系构建原则和要求》（GB/T 13016—2018），标准体系的定义为"一定范围内的标准按其内在联系形成的科学的有机整体"。从字面来理解，标准体系是科学的有机整体，是一个系统，可由多个子系统（子标准体系）组成。

构建标准体系就是策划、规划某领域或某专业要共同遵守和执行的标准组成关系方案（标准框架）与标准化对象依据方案，应体现科学性、先进性、系统性、预见性、可扩展性等先进理念。

标准体系的建设是一个系统工程，需要科学合理的规划和设计，否则，不是造成标准制定的交叉或重复，就是造成标准制定的遗漏或缺陷。因此，可以将构建某领域或专业的标准体系看成一个系统工程，应用系统工程方法论来研究构建其标准体系。

应用系统工程方法论研究某领域或专业的标准体系构建，就是按照构建某领域或专业标准体系的目标，选定标准体系框架，采用系统工程方法，研究选定或制定最少的标准数量，以标准之间相互衔接、协调、支撑，系统配套，达到构建标准体系的目的。标准体系建设宜遵循 PDCA 循环，以实现标准体系质量的螺旋式上升。

在进行标准体系建设前，应先分析研究确定标准体系建设的类型和原则，然后，可按以下程序构建某领域或专业或行业的标准体系：① 标准体系目标分析；② 标准体系结构设计；③ 标准需求分析；④ 标准体系表编制；⑤ 标准制定和修订规划表编制；⑥ 标准体系实体集成；⑦ 标准体系研究报告；⑧ 启动标准体系需求标准的制定；⑨ 标准体系的建设成果发布和宣讲；⑩ 标准体系的实施和信息反馈；⑪ 标准体系的复审。

2. 标准体系建设的类型

当标准体系建设的目标为不同行业、不同专业、不同企业、不同联盟等时，标准体系建设的流程基本相同。当标准体系建设的目标对象的标准体系建立基础不同时，标准体系建设流程中的部分方法会有一些差别。因此，构建标准体系前，首先要根据标准体系目标对象基础差异，确定标准体系建设的类型。麦绿波在其专著《标准学——标准的科学理论》中将标准体系建设的类型分为创建型、提高型和完备型三种类型。

本书认为将标准体系建设的类型分为创建型、提高型和完备型三种类型比较符合标准体系建设的基本特性，可以作为标准体系建设的参考。

创建型标准体系是标准体系目标对象此前从未建过标准体系,首次开始标准体系的建立,以填补其标准体系的空白,解决目标对象标准体系的有无问题。创建型标准体系属于新建标准体系,是目标对象一次全新的标准体系建设。创建型标准体系建设的具体内容是设计标准体系结构,对适用性的标准进行收编,谋划需制定的标准。

提高型标准体系是一个待提高和完善的标准体系。开展提高型标准体系建设是对标准体系的目标对象曾经建立过的标准体系进行的再建设、再提高,即对原标准体系的修改、补充和完善,解决标准体系的完善和提高问题。提高型标准体系属于成长期的标准体系,是已建立过但不完善的标准体系类型,需要有明显的改进和提高工作的标准体系类型。开展提高型标准体系建设的主要目的是较全面地提供所需标准,为所需标准的实施提供支持。提高型标准体系建设的具体内容是梳理不适用的标准项目、对新的现行适用标准进行纳入、对缺项标准开展制定工作。

完备型标准体系是标准体系的目标对象已建立过,并经过完善和提高阶段接近完备的标准体系。标准体系的完备建设是对提高性标准体系进行优化和深化,解决标准体系的内容全面性、先进性和实施的可操作性等问题,提高标准体系的质量水平和应用效果。完备型标准体系属于完备期的标准体系,是基本成熟的标准体系,但局部内容会随着应用时间的增加需要修改,标准体系中现行标准的数量多,需制定标准数量较少,修订、修改提升水平的标准数量占一定比例。开展完备型标准体系建设的目标是为标准实施提供全面、先进、有效的标准,支持目标对象占据竞争优势。完备型标准体系建设的具体内容是进一步优化标准体系结构、对现行标准进行提升修订、完成缺项标准的制定工作。

3. 标准体系建设的原则

标准体系建设还需要遵循一些基本原则。根据现行国家标准《标准体系构建原则和要求》(GB/T 13016—2018),构建标准体系的基本原则是"目标明确、全面成套、层次适当、划分清楚"。在实践中,标准体系建设常遵循开放性、协调性、先进性、系统性和实用性等价值性原则。

标准体系建设的原则是标准体系建设需要遵循的总要求,是标准体系建设的思维框架。标准体系建设的原则对标准体系建设起优化引导作用、质量保障作用、水平提升作用、效果保证作用。

4. 标准体系目标分析

标准体系建设的目标是标准体系建立总体思考的依据。对标准体系的结构框架有重大影响的目标因素主要是标准体系主体的横向因素和纵向因素。

标准体系的横向因素包括标准体系的对象范围和标准化统一的范围,以及标准体系覆盖的标准类型范围。标准体系对象范围目标是指对象需要开展标准化的面,可以是产品,也可以是领域或专业或行业或企业或联盟。标准体系覆盖的标准类型范围是指在标准化同一对象上可选择的范围,范围的要素可为技术、管理、工作,标准体系中的表达形式为技术标准、管理标准、工作标准。因此,标准类型的范围目标理论上有 7 种选择:

①技术标准＋管理标准＋工作标准；②技术标准＋管理标准；③管理标准＋工作标准；④技术标准＋工作标准；⑤技术标准；⑥管理标准；⑦工作标准。

标准体系建设的纵向目标是标准体系结构相关的主体纵向要素，可定位在标准体系的整体水平的高低程度上。标准体系的纵向目标一般分为 6 个水平级别：①国际领先水平；②国际先进水平；③国内领先水平；④国内先进水平；⑤行业或地方先进水平；⑥行业或地方一般水平。

标准体系的三个主体目标因素，构成了标准体系目标分析的三维关系，它们是横向目标两个维度和纵向目标一个维度，即对象范围维度、标准类别维度、水平维度。标准体系的目标，构成了一个目标三维空间。

标准体系目标分析，就是根据专业特点和实践情况，分析确定标准体系的对象范围、标准体系类型范围和水平级别。

5. 标准体系结构设计

标准体系的结构设计是标准体系的前提和基础，它为标准体系的建立提供了骨架和依据。标准体系结构设计就是标准体系系统性的分类关系设计，为标准项目的放置提供类别"盒子"。标准体系结构设计通常根据构建标准体系的专业特点，进行子专业划分，选择标准体系的典型结构，修改、完善、确定拟建标准体系结构。

6. 标准体系表编制

标准体系表是促进企业或事业单位的标准组成达到科学完整有序的基础，是一个包括现有和应发展的标准的全面蓝图，是推进企业产品开发、提高产品和服务质量、优化生产经营管理、加速技术进步和提高经济效益的标准化指导性技术文件。

《标准体系构建原则和要求》(GB/T 13016—2018)中对标准体系表的定义为："标准体系表是一定范围的标准体系内的标准按一定形式排列起来的图表。标准体系表用以表达标准体系的构思、设想、整体规划，是表达标准体系概念的整体模型。"

标准体系表是反映标准分类关系和标准项目明细的清单。标准体系的分类结构设计是标准体系表编制的指导和依据。标准体系表的标准项目应完全按照标准体系分类结构设计进行分类。标准体系表的编制，首先是要设计出表的信息项或表头信息项，然后按表头信息项进行标准项目编制。标准体系表的内容包括标准体系结构图、标准明细表、标准统计表和标准体系表编制说明，应符合现行国家标准《标准体系构建原则和要求》(GB/T 13016—2018)规定的标准体系内容要求。

第二节　水环境治理技术标准体系目标分析

水环境治理技术标准是以水环境治理——保障水安全、防治水污染、改善水环境、修复水生态、构建水景观为总体目标,以水环境治理工程全生命周期过程中的技术活动为对象的标准,是对水环境治理工程全生命周期过程中重复性事物和概念所作的统一规定。

构建水环境治理技术标准体系就是策划、规划水环境治理工程专业领域要共同遵守和执行的技术组成关系方案(技术框架)与技术对象依据方案,其建设将发挥对于需要执行的水环境治理技术准则、技术依据的规划作用。

本节将根据标准体系构建方法理论,研究探讨构建水环境治理技术标准体系。构建水环境治理技术标准体系一般包括技术标准体系目标分析、技术标准体系结构设计、技术标准需求分析、技术标准体系表编制、技术标准制定和修订规划表编制、技术标准体系实体集成、技术标准体系研究报告、启动技术标准体系需求标准的制定、技术标准体系的建设成果发布和宣讲、技术标准体系的实施和信息反馈、技术标准体系的复审等内容。

根据我国水环境治理工程已积累的实践经验和水环境治理相关行业技术标准体系建设情况,本书确定水环境治理技术标准体系对象的范围目标是水环境治理专业领域;水环境治理技术标准体系的类型是技术标准;水环境治理技术标准体系的纵向目标,水平级别要求达到国内领先水平。

水环境治理技术标准体系以水环境治理——保障水安全、防治水污染、改善水环境、修复水生态、构建水景观为总体目标,按防洪工程、治涝工程、外源治理工程、内源治理工程、水力调控工程、水质改善工程、生态修复工程、景观构建工程、交通工程、其他工程等来构建水环境治理技术标准体系,重点在水环境治理工程所涉及的八大类工程(涉及水利、城建、环保、生态、园林等行业)的技术活动和工程实践,覆盖水环境治理工程全生命周期过程中的技术活动为对象的标准。水环境治理技术标准体系为国内首次构建,属新兴产业技术标准体系建设,要求达到国内领先水平。

第三节　水环境治理技术标准体系框架方案研究

1. 框架方案研究思路

技术标准体系,不同国家有不同的发展历程,有各自不同的管理体制。一方面要结合现行有效标准实际,按照国家标准《标准体系构建原则和要求》(GB/T 13016—2018)开展工作;另一方面要考虑我国水环境治理项目的组成及特点,吸收国内外技术标准体系的优点,同时也应避免简单模仿或照搬。

为开展好本项目研究,项目组收集并研究了美国、英国、欧盟、德国、日本、新加坡等国家和地区的水利水电、土木建筑、市政、环保、园林景观等行业有关技术标准体系及技术标准组成情况;收集并研究了国内由水利部编制的《水利技术标准体系表》,住建部标准定额司编制的《工程建设标准体系(城乡规划、城镇建设、房屋建筑部分)》、水电水利规划设计总院编制的《水电行业技术标准体系表》《风电标准体系研究报告》,以此为基础,根据国家《标准体系构建原则和要求》(GB/T 13016—2018)和《企业标准体系表编制指南》(GB/T 13017—2018)的要求,结合水环境治理工程的组成及特点,提出水环境治理技术标准体系层次结构方案。

2. 基于国标中涉及多行业标准体系的水环境治理技术标准体系框架结构

根据《标准体系构建原则和要求》(GB/T 13016—2018)的规定,基于多个行业标准体系形成的水环境治理技术标准体系层次结构,见图3-1。该结构以水环境治理所涉及行业的标准体系为主要结构,导致只能在各行业标准中增减水环境治理有关标准,而新增加或补充的标准难以被其行业所认可;而且水环境治理技术标准体系位于各行业标准体系之上,对于该体系的后续管理及标准的制定、推广不利。由此种层次结构建立的水环境治理技术标准体系不利于管理和推广。

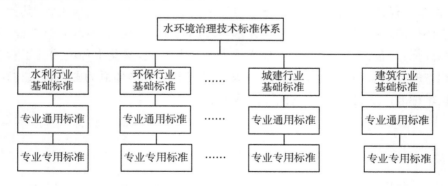

图 3-1　基于多个行业标准体系的水环境治理技术标准体系层次结构示例图

3. 基于国家工程建设标准体系框架的水环境治理技术标准体系框架结构

住房和城乡建设部标准定额司按行业领域构建了《工程建设标准体系(城乡规划、城镇建设、房屋建筑部分）》。该体系将城乡规划、城镇建设、房屋建筑三部分体系所对应包含的专业，划分为 17 个专业，分别描述了每部分体系所含各专业的标准子体系。其标准体系层次结构见图 3-2。

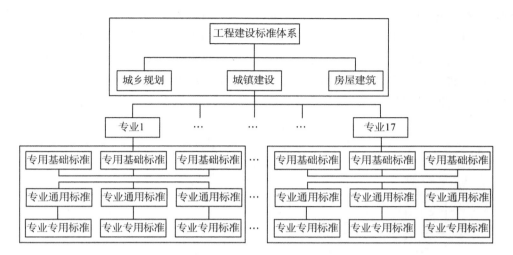

图 3-2 工程建设标准体系层次结构示例图

基于工程建设标准体系按行业领域构建的水环境治理技术标准体系层次结构，见图 3-3。此类层次结构是综合与水环境治理相关的水利、城建、环保、生态、园林景观等行业，根据水环境治理需要划分成若干专业，然后对每个专业制定基础、通用及专用标准，也可引用已有的相关行业标准，最终形成水环境治理技术标准体系。

该结构可根据水环境治理相关子专业展开体系标准，层次结构分明，但整个标准体系过于庞大复杂，且划分的子专业难以完全兼顾所有水环境治理工程，且针对水环境治理工程各阶段的功能模块序列也未能体现，较难适应水环境治理多方面的使用需求。

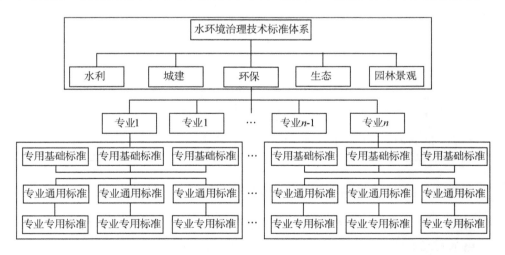

图 3-3 基于工程建设标准体系结构的水环境治理技术标准体系层次结构示例图

4. 基于水电行业技术标准体系结构的水环境治理技术标准体系框架结构

水电水利规划设计总院基于水电行业的实际情况开展水电行业技术标准体系研究，按照"共性标准"和"个性标准"构建标准体系层次，从水电工程规划与设计、设备、建造与验收、运行与维护、退役等阶段的全生命周期阶段管理出发，对水电行业标准进行全面梳理、识别、归类，以求建立一套系统协调、科学合理、操作性强且与国际接轨的水电行业技术标准体系。它以"标准族"的形式，对现有标准进行梳理和完善，在研究缺失的技术标准的同时，也对相关技术标准进行合并、归类，从而构建出水电行业技术标准体系框架。该体系框架简图见图3-4。

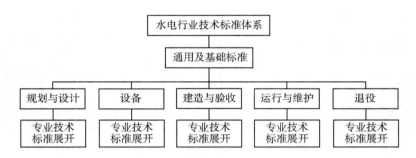

图3-4　水电行业技术标准体系层次结构示例图

基于水电行业标准体系结构按全生命周期理念构建的水环境治理技术标准体系层次结构，见图3-5。该体系结构按照水环境治理工程全生命周期序列，划分为规划与设计、建造与验收、运行与维护、退役4个阶段进行构建。并根据水环境治理行业的工程需求，将共性的通用及基础标准安排在上一层次，随后将各阶段的标准按不同专业进行展开。按照工程全生命周期进行构建，体系层次清晰，对水环境治理行业相关工程具有明确的指导意义，较能适应水环境治理行业发展多方面的使用需求。

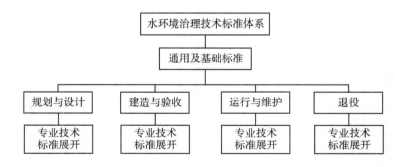

图3-5　基于水电行业标准体系结构的水环境治理技术标准体系层次结构示例图

5. 基于风电行业标准体系结构的水环境治理技术标准体系框架结构

水电水利规划设计总院组织基于风电行业的实际情况开展风电标准体系研究，针对标准体系存在的以专业划分为基础的标准体系模式的不足，与国际标准体系不接轨，难以满足国家深化标准化改革和产业"走出去"发展总体要求等问题,按照"功能体系划分、技术通用、覆盖产业全生命周期和全产业链内容"的总体要求,构建综合管理、装备、土建为主建立标准体系主要框架。在主要的标准体系框架中明确各项功能板块内容,包括风电机组、升压站、电气系统及设备和配套设备等,提出按照功能模块划分规划、设计、施工、安装、运行维护和退役拆除的全过程技术标准体系,形成统一的涵盖工程全生命周期和全产业链的标准体系层次框架。该体系框架简图见图3-6。

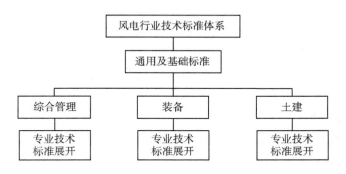

图 3-6　风电行业标准体系层次结构示例图

　　基于风电行业功能模块序列理念构建的水环境治理技术标准体系层次结构,见图3-7。该体系结构根据水环境治理行业的工程需求,将共性的通用及基础标准安排在第一层级;第二层级按照水环境治理工程功能模块序列进行划分,分为工程综合及管理、土建、装备、材料与产品4个部分;第三层级不同功能模块按照全生命周期不同阶段的标准展开。按照工程功能模块序列进行构建,体系层次清晰,结构清楚,便于标准梳理,将具体工程的标准进行归纳,有效指导水环境治理工程开展。

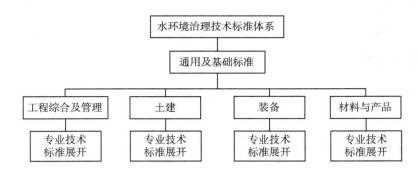

图 3-7　基于风电行业标准体系构建的水环境治理技术标准体系层次结构示例图

第四节　水环境治理技术标准体系层次结构构建

　　水环境治理工程是一项涉及多行业、多专业的综合性系统工程。通过总结对比分析研究有代表性的行业标准体系框架结构，可为构建水环境治理技术标准体系提供指导。按照国家技术标准体系编制原则和要求，结合水环境治理技术标准体系的特点、建设目标，适度考虑便于同国际标准接轨，借鉴相关行业技术标准体系构建方法，按照水环境治理工程"功能模块序列＋全生命周期"理念构建水环境治理技术标准体系框架。按照此法划分，标准体系结构层次清晰，便于标准分类，同时将全生命周期理念融于其中，便于水环境治理工程全生命周期管理，有利于提高工程质量。

　　根据水环境治理工程的项目组成和技术要求，在参考相关行业技术标准体系基础上，对水环境治理工程涉及的现行已颁布的各类行业标准进行梳理，包括水利、城建、环境保护、生态、园林景观等与水环境治理相关的标准，理顺它们之间的相互关系，构建水环境治理技术标准体系层次结构，完成水环境治理技术标准体系的顶层设计；再根据顶层设计分批有序高效地开展规程规范、技术标准的制定工作。

　　根据《标准体系构建原则和要求》（GB/T 13016—2018）中标准体系层次结构的构建方法，借鉴相关行业技术标准体系研究成果，结合水环境治理工程的项目组成和特点，构建水环境治理技术标准体系层次结构如下：

　　（1）按照水环境治理工程领域的"共性标准"和"个性标准"构建标准体系层次，共性的通用及基础标准安排在上一层次，个性标准安排在下一层次。

　　（2）水环境治理工程领域的过程标准，按照水环境治理工程功能模块序列展开，划分为工程综合及管理、土建、装备、材料与产品 4 个部分。

　　（3）对于水环境治理工程各功能模块序列下的标准，再进一步按照全生命周期理念对专业门类、项目组成、构筑物或设备类型等分层展开。其层次结构示意见图 3-8。

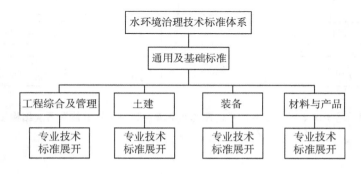

图 3-8　水环境治理技术标准体系结构示意图

第五节　水环境治理技术标准体系框架结构的层次

水环境治理技术标准体系以保障水安全、防治水污染、改善水环境、修复水生态、构建水景观为总体目标，按防洪工程、治涝工程、外源治理工程、内源治理工程、水力调控工程、水质改善工程、生态修复工程、景观构建工程、交通工程、其他工程等来构建水环境治理技术标准体系，重点在水环境治理工程所涉及的 8 大类工程的技术活动和工程实践，覆盖水环境治理工程全生命周期过程中的技术活动为对象的标准。

水环境治理技术标准体系采用分层结构，围绕水环境治理工程所涉及的 8 大类工程全生命周期过程中的技术活动为对象的标准展开，由三个层次组成。第一层次为水环境治理技术的通用及基础标准；第二层次为水环境治理工程按不同功能模块序列划分的技术专业标准；第三层次为水环境治理工程各功能模块序列按专业流程或建（构）筑物类型、设备类型、专业标准特征等划分的专业技术标准。

第一层次的水环境治理行业"T 通用及基础标准"，在一定范围内是其他标准的基础，要求普遍遵守执行，具有广泛的指导性。主要包括：通用、计量、安全与应急、环保水保、节能、用地及拆迁、技术经济、监督管理验收、档案、信息化等内容。

第二层次为水环境治理工程不同功能模块序列标准，划分了"G 工程综合及管理""J 土建""Z 装备""C 材料与产品"4 个功能模块。每个阶段的通用标准是本阶段内应普遍遵守的技术标准，除每个阶段通用技术标准外还包括若干专业分支。

第一层次"T 通用及基础标准"分为"T01 通用""T02 计量""T03 安全与应急""T04 环保水保""T05 节能""T06 用地及拆迁""T07 技术经济""T08 监督管理验收""T09 档案""T10 信息化"专业分支，共 10 项。

水环境治理行业第二层次技术标准体系表展开的专业分支如下：

（1）"G 工程综合及管理"包括："G01 工程技术综合""G02 工程规划设计""G03 工程建设管理与验收""G04 工程监测与运行""G05 工程退役与拆除"专业分支，共 5 项。

（2）"J 土建"包括："J01 综合""J02 防洪建（构）筑物""J03 治涝建（构）筑物""J04 外源治理建（构）筑物""J05 内源治理建（构）筑物""J06 水力调控建（构）筑物""J07 水质改善建（构）筑物""J08 生态修复建（构）筑物""J09 景观构建建（构）筑物""J10 交通工程""J11 其他工程"专业分支，共 11 项。

（3）"Z 装备"包括："Z01 综合""Z02 防洪设备""Z03 治涝设备""Z04 外源治理设备""Z05 内源治理设备""Z06 水力调控设备""Z07 水质改善设备""Z08 生态修复设备""Z09 景观构建设备""Z10 监测系统设备""Z11 电气系统设备""Z12 控制保护和通信设备""Z13 消防设备""Z14 其他辅助设备"专业分支，共 14 项。

（4）"C 材料与产品"包括："C01 材料""C02 产品"专业序列，共 2 项。

对第三层次技术标准共设置了 123 项，详见水环境治理技术标准体系框架图（图

3-9）。水环境治理技术标准体系框架各层次所包括的技术标准内容详见表3-1。

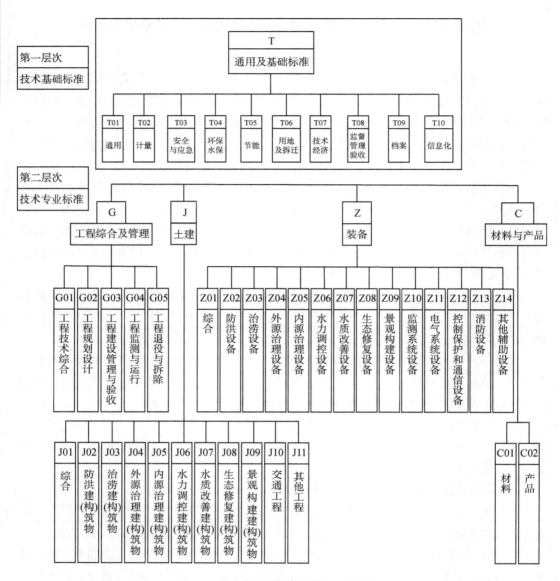

图 3-9　水环境治理技术标准体系总框架图

表 3-1　水环境治理技术标准体系各层次内容说明表

标准体系分类号	专业序列	标准包括内容及解释说明
T	通用及基础标准	
T01	通用	术语、符号、编码、图形、制图
T02	计量	设备仪器计量、校验基础标准

标准体系分类号	专业序列	标准包括内容及解释说明
T03	安全与应急	安全设计、安全评价及验收、安全管理、应急管理、风险管理等通用标准及要求
T04	环保水保	环境保护、水土保持控制、监测、评价的通用标准
T05	节能	节能降耗、评价、设计、实施、验收、运行与管理
T06	用地及拆迁	用地、拆迁的技术法规、通用技术标准
T07	技术经济	造价编制规定、定额标准、经济评价
T08	监督管理验收	工程建设管理、技术监督、质量监督、安全监督等
T09	档案	工程建设运行的报告、图纸、影像、PPT、审查意见、政府批文、电子信息、管理等文件收集、保管与利用基础标准
T10	信息化	信息分类与编码,信息采集、传输交换、存储、处理、管理、安全等通用技术标准
G	工程综合及管理	
G01	工程技术综合	水环境治理工程多阶段技术综合标准
G02	工程规划设计	水环境治理工程水信息、工程规划、工程勘察、设计等技术要求
G03	工程建设管理与验收	水环境治理工程建设管理、质量评定、验收及评价
G04	工程监测与运行	水环境治理工程相关的水信息监测及设备设施的运行要求,包括防洪设施、治涝设施、外源治理设施等运行
G05	工程退役与拆除	水环境治理工程设备设施的退役评估、拆除实施
J	土建	
J01	综合	土建相关的材料试验与检测、工程抗震、施工组织要求
J02	防洪建(构)筑物	防洪建(构)筑物设计及施工要求
J03	治涝建(构)筑物	治涝建(构)筑物设计及施工要求
J04	外源治理建(构)筑物	外源治理建(构)筑物设计及施工要求
J05	内源治理建(构)筑物	内源治理建(构)筑物设计及施工要求
J06	水力调控建(构)筑物	水力调控建(构)筑物设计及施工要求
J07	水质改善建(构)筑物	水质改善建(构)筑物设计及施工要求
J08	生态修复建(构)筑物	生态修复建(构)筑物设计及施工要求
J09	景观构建建(构)筑物	景观构建建(构)筑物设计及施工要求
J10	交通工程	交通工程建(构)筑物设计及施工要求
J11	其他工程	其他工程建(构)筑物设计及施工要求
Z	装备	
Z01	综合	通用设备技术条件、设计与制造、安装调试等相关要求

标准体系 分类号	专业序列	标准包括内容及解释说明
Z02	防洪设备	防洪设备技术条件、设计与制造、安装调试、运行与维护、退役与拆除方面的相关要求
Z03	治涝设备	治涝设备技术条件、设计与制造、安装调试、运行与维护、退役与拆除方面的相关要求
Z04	外源治理设备	外源治理设备技术条件、设计与制造、安装调试、运行与维护、退役与拆除方面的相关要求
Z05	内源治理设备	内源治理设备技术条件、设计与制造、安装调试、运行与维护、退役与拆除方面的相关要求
Z06	水力调控设备	水力调控设备技术条件、设计与制造、安装调试、运行与维护、退役与拆除方面的相关要求
Z07	水质改善设备	水质改善设备技术条件、设计与制造、安装调试、运行与维护、退役与拆除方面的相关要求
Z08	生态修复设备	生态修复设备技术条件、设计与制造、安装调试、运行与维护、退役与拆除方面的相关要求
Z09	景观构建设备	景观构建设备技术条件、设计与制造、安装调试、运行与维护、退役与拆除方面的相关要求
Z10	监测系统设备	监测系统设备技术条件、设计与制造、安装调试、运行与维护方面的相关要求
Z11	电气系统设备	电气系统设备技术条件、设计与制造、安装调试、运行与维护方面的相关要求
Z12	控制保护和通信设备	控制保护和通信设备技术条件、设计与制造、安装调试、运行与维护方面的相关要求
Z13	消防设备	消防设备技术条件、设计与制造、安装调试、运行与维护方面的相关要求
Z14	其他辅助设备	其他辅助设备技术条件、设计与制造、安装调试、运行与维护方面的相关要求
C	材料与产品	
C01	材料	水环境治理工程相关的管材管件、建筑材料、水处理材料、污泥处理材料、生态修复材料质量要求
C02	产品	余土余沙资源化利用、生态修复、其他产品的质量要求

第四章

水环境治理工程建设管理技术规定

第一节　概述

城市河湖水环境治理工程是一项多部门管理、多行业交叉、多专业融合的综合性系统工程。水环境治理工程一般具有政府多层级、多管理部门并行迭代管理的行业特点，具有社会公众关注度高的社会特征。在全面打响水污染防治攻坚战的背景下，当前全国各地不断开展城市水环境综合整治工程，旨在破除以往城市水环境管理中长期存在的主要问题，真正实现城市河流的长治久清。当前城市水环境综合整治工程通常具有以下主要特点：

1. 需多政府部门联动合作，协同推进

水体污染防治虽直接表现为环境主管部门的辖内责任，而水环境综合整治工程项目又直接涉及河湖流域、城市区域，与水务（水利）主管部门、住建主管部门直接相关，项目建设与管理涉及多部门，一般具有政府多层级、多管理部门并行迭代管理的行业特点。为有效破解"多龙管水"的局面，城市河流水环境综合整治项目往往需要水务（水利）、环保、住建、城管等多政府部门联动合作，协同推进项目建设与管理，建立"共建、共治、共享"的水环境治理格局，保障项目建设取得实效。

2. 需多功能维度全面统筹，系统规划

以往片断化、碎片化治理模式导致的水环境问题反复出现的现象，要求新形势下的城市河流水环境综合治理项目，必须从城市河流所衍生出的生态系统、生活环境、社会经济等多功能需求角度出发，对河流上下游、左右岸、干支流的治理进行全面统筹，协同解决水资源、水安全、水环境、水生态、水文化、水管理问题，全面克服城市工程项目点多、面广、线长、时间紧、任务重、施工干扰因素多等诸多不利因素，从全局性、关联性、综合性和最优性方面对城市河流水环境整治进行系统规划。

3. 需多专业技术融合运用，长治久清

随着治水理念转变、社会发展和技术进步，传统以污水处理、河道治理为主的"末端治理模式"已经不能够满足当前城市水环境综合整治项目的需要，而是逐步转向利用污染控制技术和水土资源保护技术，采用"源头减排、过程阻断、末端治理"的全过程防控工程措施和非工程措施，按照"控源截污—工程治理—监测管理—法规控制"的综合治理技术，将防洪治涝、管网截污、污水处理、环保清淤、水质提升、生态恢复、监测管理等专业技术进行融合应用，实现城市河流长治久清。

当前国内水环境治理工程承担和参建单位在组建相应机构承担工程建设和管理任务的过程中，仍缺乏统一的规范进行指导，因此根据城市河湖水环境治理工程建设的特点，制定城市河湖水环境治理工程建设管理相关标准规范十分有必要。

第二节　编制目的

为加强城市河湖水环境治理工程建设管理,保证勘察设计、施工质量和工程安全,不断提高建设工程社会效益和管理水平,依据《中华人民共和国水污染防治法》《建设工程管理条例》《建设工程勘察设计管理条例》等法律法规,结合城市河湖水环境治理工程建设的特点,中电建生态环境集团有限公司(以下简称"电建生态公司")制定发布实施企业技术标准《城市河湖水环境治理工程建设管理规程》Q/PWEG 001—2016。

本规程的制定可有效规范水环境治理工程管理、管理模式、建设模式等,为推动水环境治理行业高质量发展提供指导。本规程提出水环境治理工程建设管理应实行项目决策、联合管控和目标管理制度,积极推行以各级地方政府的发改委主导项目决策,水行政主管部门、环境保护主管部门及住建主管部门联合管控项目执行,并宜以水行政主管部门具体负责工程建设管理,参建各方分级、分层次管理的建设管理体系。在水环境治理领域宜推行工程总承包(EPC)、政府与社会资本合作(PPP)、生态环境导向开发(EOD)等建设模式。

第三节　适用范围

本规程适用于城市河湖水环境治理工程项目。

第四节　主要内容

本规程主要包括总则、管理体制与职责、建设程序等章节内容,明确水环境治理工程建设、勘察设计、监理、施工等关联单位的责任。

水环境治理工程一般具有政府多层级、多管理部门并行迭代管理的行业特点,具有社会公众关注度高的社会特征,水环境治理承担和参建单位应组建相应机构承担工程建设和管理任务,宜推动政府建立专门协调机制,明确工程项目实施机构(建设单位),建立专门协调机制应包括健全协调机制、建立联审机制等。

水环境治理工程建设程序一般分为前期综合规划设计论证阶段、工程项目建设和非工程措施实施阶段、工程项目竣工验收阶段以及工程项目与非工程措施实施效果评估 4 个阶段,水环境治理工程建设应符合国家及当地政府相关的规定。

第五章

水环境治理工程规划设计技术标准制订

第一节　概述

水环境治理行业是国民经济结构中以治理水环境污染、改善水生态环境、保护水资源为目的而进行的勘察设计、工艺开发、设备生产、工程承包、商业流通、资源利用、信息服务及自然保护与恢复开发等活动的总称，是防治水环境污染、保护水生态环境的技术保障和物质基础。一般而言，水环境治理工作总体任务可分为三类，即污染控制、水质改善和生态修复。三类任务各有侧重，相互关联，分别代表水环境治理的三个阶段。"污染控制"主要应用于高污染负荷的城市，需要完善城市管网建设确保污水集中处置、加强监管确保污水达标排放，从而减少对城市水环境的污染；"水质改善"是在开展污染控制的前提下，采取物理、化学以及生物等技术手段提升水体质量，以实现相对较好的水质目标；"生态修复"是以生态恢复与重建为主要手段，通过工程与非工程技术方法，在较好水质的基础上，逐步恢复水生生态系统，进一步提升人居环境质量。

"十三五"期间，各级政府相继出台多项政策，加大对水环境治理行业的扶持力度，引导行业向市场化方向发展，并在资金、税收等各个方面对业内企业提供支持，鼓励企业自主研发并形成核心技术，提升行业技术水平。2021年3月，十三届全国人大四次会议表决通过了"十四五"规划，针对水环境治理工作，明确提出"推进城镇污水管网全覆盖，开展污水处理差别化精准提标""开展农村人居环境整治提升行动，稳步解决乡村黑臭水体等突出环境问题""以乡镇政府驻地和中心村为重点梯次推进农村生活污水治理"，以及"完善水污染防治流域协同机制，加强重点流域、重点湖泊、城市水体和近岸海域综合治理，推进美丽河湖保护与建设"等工作要求，为行业的未来发展和相关工作的稳步推进指明方向，也有助于激发水环境治理各细分领域相关产品、系统、服务的市场需求。

水环境治理行业包含城镇污水治理、农村污水治理、河湖生态修复和流域治理、黑臭水体治理等多个细分业务领域，各领域在未来均拥有良好的市场前景。在黑臭水体治理领域，我国城市黑臭水体治理已取得显著成效，但部分城市仅以"水质不黑不臭"作为治理目标，部分河段仍存在返黑、返臭的现象，"十四五"时期城市黑臭水体治理仍具备巩固并提升治理成果的市场需求。城镇污水治理领域，在城市污水处理率达到97.53%、新建污水处理设施的需求增长趋缓的背景下，污水处理厂提标改造和建制镇的污水处理设施新建将成为新的增长点。农村污水治理领域，尽管我国农村污水治理投资规模保持高速增长，但是整体而言，农村水环境治理工作的推进仍然相对滞后于城镇，污水处理设施的建设力度和污水处理能力亟待提高。

水环境治理行业方兴未艾，但是水环境治理工程实践基本是借用环保、水利、城建、建筑、园林等行业的技术规范和标准进行工程的勘测设计、施工建造和运行管理，各地区水环境治理工程在项目开展程序、工作内容及工作深度等方面缺乏统一。另外，项目设计阶段要求混乱,各阶段设计成果参差不齐,急需专业设计标准对各设计阶段工作内容、工作深度进行规定,因此开展编制水环境治理工程勘测设计阶段相关的技术标准非常有必要。

电建生态公司已牵头编制企业技术标准《城市河湖水环境治理工程设计阶段划分及工作规定》《城市河湖水环境治理综合规划设计编制规程》《城市河湖水环境治理工程可行性研究报告编制规程》《城市河湖水环境治理工程初步设计报告编制规程》等,目前针对县域城乡水环境治理工程特点组织编制《县域城乡水环境治理综合规划设计编制规程》《县域城乡水环境治理工程可行性研究报告编制规程》《县域城乡水环境治理工程初步设计报告编制规程》等标准,为开展县域城乡水环境治理工程建设美丽乡村提供指导。

第二节　城市河湖水环境治理工程设计阶段划分及工作规定

1. 编制背景

城市河湖水环境治理是一项多行业交叉、多专业融合的综合性系统工程。而目前国内水环境治理工程实践基本是借用环保、水利、城建、建筑、园林等行业的技术规范和标准进行工程的勘测设计、施工建造和运行管理。在我国全面开展生态文明建设的背景下,各地区水环境治理工程项目工作推进总体较快,但在项目开展程序、工作内容及工作深度等方面缺乏统一,可能导致在相关勘测、设计或施工环节出现缺乏衔接性的问题。

2. 编制目的

为大力推动生态文明建设,加快推进黑臭水体整治工作开展,规范和加强城市河湖水环境治理工程建设管理,保证工程设计各阶段的有序合理进行,保障勘察设计、施工质量,全面提升水环境治理的效果和技术水平,引领技术创新,带动产业化发展,电建生态公司发布实施企业技术标准《城市河湖水环境治理工程设计阶段划分及工作规定》Q/PWEG 002—2016。

3. 适用范围

本规定适用于城市河湖水环境治理工程项目。其他水环境治理工程亦可按本规定执行。

4. 主要内容

本规定主要包括总则、术语、基本规定、综合规划设计、可行性研究设计、初步设计、施工图设计等章节内容。

第三节　城市河湖水环境治理综合规划设计编制规程

1. 编制背景

城市河湖水环境治理工程是一项多行业交叉、多专业融合的综合性系统工程。而目前国内水环境治理工程实践基本是借用环保、水利、城建、建筑、园林等行业的技术规范和标准进行工程的勘测设计、施工建造和运行管理。就水环境治理综合规划设计编制而言，目前没有专门的水环境治理综合规划设计编制规程作为依据，急需开展相关规范编制工作。

2. 编制目的

为改善城市河湖水环境、修复水生态、保障水安全，支撑城市社会经济可持续发展，满足城市河湖水环境治理综合规划设计编制工作的需求，规范编制原则、主要任务、编制内容和技术要求等，电建生态公司发布实施企业技术标准《城市河湖水环境治理综合规划设计编制规程》Q/PWEG 003—2016。

3. 适用范围

本规程适用于编制全国有关城市河湖水环境治理综合规划设计报告。乡（镇）河湖水环境治理综合规划设计报告亦可按本规程执行。

4. 主要内容

本规程主要包括总则、术语、基本规定、综合说明、区域概况、现状调查与评价、规划设计目标、水信息、工程地质、总体布局及工程治理方案、非工程治理方案、环境影响评价、征占地范围及既有管线迁改与保护、实施保障措施、投资匡算、实施意见及预测效果分析、结论与建议等章节内容。

第四节　城市河湖水环境治理工程可行性研究报告编制规程

1. 编制背景

国家大力推进生态文明建设，有力促进水环境治理行业的迅速发展。但行业内对于水环境治理工程各设计阶段并不明朗，缺乏统一标准。基本按其他相近行业工作阶段思考自行划分，导致水环境设计阶段性要求混乱，各阶段设计成果参差不齐，急需专业设计标准对各设计阶段进行规范划分并规定其工作深度。

为指导和统一水环境治理工程建设项目可行性研究工作的开展，加强水环境治理工程建设管理，保证勘察、设计、施工质量和工程安全，有必要对可行性研究报告的编制原则、工作内容和深度要求做出规定。

2. 编制目的

为规范城市河湖水环境治理工程可行性研究报告的编制原则、工作内容和深度要求，电建生态公司发布实施企业技术标准《城市河湖水环境治理工程可行性研究报告编制规程》Q/PWEG 009—2017。

3. 适用范围

本规程适用于新建、改建、扩建的城市河湖水环境治理工程可行性研究报告的编制。不同类型工程可根据其工程特点对本规程规定的编制内容有所取舍。大型湖泊、河口、海湾水环境治理项目可参照执行。

4. 主要内容

本规程主要包括总则、综合说明、水信息、工程任务和规模、工程地质、治理工程及建筑物、金属结构与设备设施、监测与信息管理系统、施工组织设计、征地拆迁及既有管线保护与迁改、工程建设与运行管理、投资估算、工程效益评价、社会稳定风险分析、结论及建议等章节内容。

第五节　城市河湖水环境治理工程初步设计报告编制规程

1. 编制背景

为坚决贯彻落实生态文明建设，切实加大水污染防治力度，保障国家水安全，推进河湖污染治理，加强水环境治理工程建设管理，保证勘察、设计、施工质量和工程安全，有必要对水环境治理工程建设相关环节进行规定。依据《中华人民共和国水污染防治法》《建设工程管理条例》《建设工程勘察设计管理条例》《建设工程质量管理条例》等法律法规，结合水环境治理工程建设特点，根据当前水环境工程建设及管理的实践经验，将水环境治理工程项目阶段划分为综合规划设计、可行性研究、初步设计及施工图设计四个阶段。初步设计报告是工程建设程序中的一个重要阶段。经批准的初步设计是编制开工报告、招标设计、施工详图设计和控制投资的依据。

国家大力推进生态文明建设，促进了水环境治理行业的迅速发展。但行业内对于水环境治理工程各设计阶段并不明朗，缺乏统一标准。基本按其他相近行业工作阶段思考自行划分，导致水环境设计阶段性要求混乱，各阶段设计成果参差不齐，急需专业设计标准对各设计阶段进行规范划分并规定其工作深度。为指导和统一水环境治理工程建设项目初步设计工作的开展，有必要对初步设计报告的编制原则、工作内容和深度要求做出规定。

2. 编制目的

为规范城市河湖水环境治理工程初步设计报告的编制原则、工作内容和深度要求，电建生态公司发布实施企业技术标准《城市河湖水环境治理工程初步设计报告编制规程》Q/PWEG 015—2018。

3. 适用范围

本规程适用于新建、改建、扩建的城市河湖水环境治理工程初步设计报告的编制。不同类型工程可根据其工程特点对本规程规定的编制内容有所取舍。大型湖泊、河口、海湾水环境治理项目可参照执行。

4. 主要内容

本规程主要包括总则、综合说明、水信息、工程任务和规模、工程地质、治理工程及建筑物、金属结构与设备设施、消防设计、监测与信息管理系统、施工组织设计、征地拆迁及既有管线保护与迁改、工程建设与运行管理、设计概算、工程效益评价等章节内容。

第六节　县域城乡水环境治理综合规划设计编制规程

1. 编制背景

随着国家"水十条"的落地，城市水环境综合治理已全面展开。行业内对城市水环境治理思路和治理技术比较明确，国内外已有充足的模式和经验可供借鉴。同时，"水十条"也明确指出要推进农业农村污染防治，加快农村环境综合整治。2018 年，中共中央办公厅、国务院办公厅印发了《农村人居环境整治三年行动方案》，明确指出：改善农村人居环境，建设美丽宜居乡村，是实施乡村振兴战略的一项重要任务，事关全面建成小康社会，事关广大农民根本福祉，事关农村社会文明和谐。大力推进农村基础设施建设和城乡基本公共服务均等化。

目前美丽乡村建设已经成为我国一个重要的发展目标，建设美丽乡村必须治理好县域城乡环境，而优良的县域城乡水环境是良好县域城乡环境的重要标志。2019 年，国家各部委联合下发了《关于推进农村生活污水治理的指导意见》（中农发〔2019〕14 号），指出农村生活污水治理是农村人居环境整治的重要内容，是实施乡村振兴战略的重要举措，是全面建成小康社会的内在要求，也是农村人居环境最突出的短板。然而，县域城乡水环境治理是一个综合性和系统性的工程，与城市水环境治理思路不尽相同，需综合考虑畜禽养殖污染、农业面源污染、种植业结构布局、农村环境综合整治等因素，系统解决县域城乡水环境问题。结合县域城乡水环境治理工程建设特点，根据当前城市水环境治理工程建设及管理的实践经验，将县域城乡水环境治理工程项目阶段划分为综合规划设计、可行性研究、初步设计及施工图设计四个阶段，目前没有专门的县域城乡水环境治理综合规划设计编制规程。

2. 编制目的

为满足县域城乡水环境治理综合规划设计编制工作需要，明确规划编制的基本原则、主要任务、编制内容和技术要求，电建生态公司目前正在制定企业技术标准《县域城乡水环境治理综合规划设计编制规程》Q/PWEG。

3. 适用范围

本规程适用于编制县域城乡水环境治理综合规划设计报告。

4. 主要内容

本规程主要包括基本规定、综合说明、区域概况、现状调查与评价、规划设计目标、水信息、工程地质、总体布局及工程治理方案、非工程治理方案、环境影响评价、征地拆迁、实施保障措施、投资匡算、实施意见及预测效果分析、结论与建议等章节内容。

第七节　县域城乡水环境治理工程可行性研究报告编制规程

1. 编制背景

国家大力推进生态文明建设,有力促进水环境治理行业的迅速发展。但行业内对于城乡水环境治理工程各设计阶段并不明朗,缺乏统一标准。结合县域城乡水环境治理工程建设特点,根据当前城市水环境治理工程建设及管理的实践经验,将县域城乡水环境治理工程项目阶段划分为综合规划设计、可行性研究、初步设计及施工图设计四个阶段,目前没有专门的县域城乡水环境治理工程可行性研究报告编制规程。

为指导和统一县域城乡水环境治理工程建设项目可行性研究工作的开展,加强水环境治理工程建设管理,保证勘察、设计、施工质量和工程安全,有必要对可行性研究报告的编制原则、工作内容和深度要求做出规定。

2. 编制目的

为满足县域城乡水环境治理工程可行性研究报告编制工作需要,明确编制原则、工作内容和深度要求,电建生态公司目前正在制定企业技术标准《县域城乡水环境治理工程可行性研究报告编制规程》Q/PWEG。

3. 适用范围

本规程适用于编制县域城乡水环境治理工程可行性研究报告。

4. 主要内容

本规程主要包括总则、综合说明、水信息、工程任务和规模、工程地质、治理工程及建筑物、金属结构与设备设施、监测与信息管理系统、施工组织设计、征地拆迁、工程建设与运行管理、投资估算、工程效益评价、社会稳定风险分析、结论及建议等章节内容。

第八节　县域城乡水环境治理工程初步设计报告编制规程

1. 编制背景

随着国家逐步加大对城乡水环境治理的力度，急需专业设计标准对各设计阶段进行规范划分并规定其工作深度。为指导和统一县域城乡水环境治理工程建设项目初步设计工作的开展，有必要对初步设计报告的编制原则、工作内容和深度要求做出规定。

2. 编制目的

为满足县域城乡水环境治理工程初步设计报告编制工作需要，明确编制原则、工作内容和深度要求，电建生态公司目前正在制定企业技术标准《县域城乡水环境治理工程初步设计报告编制规程》Q/PWEG。

3. 适用范围

本规程适用于编制县域城乡水环境治理工程初步设计报告。

4. 主要内容

本规程主要包括总则、综合说明、水信息、工程任务和规模、工程地质、治理工程及建筑物、金属结构与设备设施、监测与信息管理系统、施工组织设计、征地拆迁、工程建设与运行管理、设计概算、工程效益评价等章节内容。

第六章

城市河湖污泥环保清淤处理处置工程技术标准制订

第一节　概述

电建生态公司依托茅洲河水环境综合治理项目,针对大规模、多组分的重污染河道底泥清淤和处理处置难题,研发了全套污染底泥处理处置工艺体系及装备,总结提炼出河湖污泥处理处置关键核心技术,建成了世界规模最大、工艺最先进的茅洲河 1# 底泥处理厂。坚持按照"减量化、无害化、稳定化、资源化"的原则,根据河湖污泥的性质、类型及处置要求,创造性地提出了茅洲河污染底泥系统处理处置技术方案,形成了包括环保清淤、污泥接收、垃圾分离、泥沙分离、泥水分离、调理调质、脱水固化、余水处理、余土处置的系统化、专业化的河湖污泥处理处置技术。创新研发了污泥调理剂、污泥分散剂、污泥调质固化剂、重金属稳定剂等,首次建立了污染底泥处理余土和资源化产品中重金属稳定性及环境风险评估方法,为解决重金属污染底泥的安全消纳问题,提高污染底泥处理余土资源化利用提供了技术支撑。整套工艺处理淤泥脱水效率提高 50%,减量化可达 70%,资源化利用率可达 90%。

针对污染底泥处理处置及资源化研究,对于防止河湖污泥处理处置过程中产生二次污染,维护生态环境,提高资源化利用水平,促进循环经济发展和城市生态文明建设,具有重要的意义;另外,对于充分发挥河湖污泥治理引领示范作用,展现河湖水环境治理效果,引领技术创新,带动产业化发展,进一步健全我国污泥处理处置技术与方法具有一定的促进作用。

电建生态公司将拥有自主知识产权的河湖内源污染治理关键技术转为技术标准,基本形成了覆盖污染底泥处理处置全过程的"河湖内源污染治理技术标准子体系",包括前端的"清淤工程设计、施工、底泥分类分级"、中端的"河湖污泥处理厂建设、设计、验收、运行管理与监测"和后端的"垃圾处置、余沙处置、余水排放、余土处置以及余土检测"等系列企业技术标准和地方标准。相关标准的制定发布实施为河湖污泥处理厂产出物(余土、余沙)的消纳处置提供了技术保障,加快了河湖水环境治理工程中的环保清淤及污泥处理处置工程进度,促进了工程投资及项目开展的效果显现,为公司的生产经营、质量控制和服务保障提供了依据和手段。

第二节　城市河湖水环境治理污染底泥清淤工程设计规范

1. 编制背景

随着对河湖水体污染机理研究的深入,河湖污染底泥的危害性越发受到重视。国务院"水十条"中明确提出"采取控源截污、垃圾清理、清淤疏浚、生态修复等措施,加大黑臭水体治理力度"。不同于市政污泥,河湖污泥具有泥量大、污染成分复杂、含水率较高、结合力强、收缩率大等特性。采用环保清淤工程方法对河湖污泥进行"减量化、稳定化、无害化、资源化"的异位集中工业化处理,是当前国内外进行内源污染治理的有效手段,而这依赖于污染底泥清淤工程的有效实施。

当前,我国疏浚规范主要有水利部及交通运输部下的《疏浚与吹填工程技术规范》(SL 17—2014)、《疏浚与吹填工程设计规范》(JTS 181—5—2012)及《疏浚与吹填工程施工规范》(JTS 207—2012)。污染底泥清淤作为河湖水环境综合治理中的重要环节,是水利工程、环境工程和疏浚工程交叉的边缘工程技术。它应是以清除江河湖库污染底泥为主要目的,要求在挖泥、输泥及清淤后对周围环境影响都尽量最小。当前围绕泥沙搅动、扩散和二次污染、精确疏浚及疏浚污泥处理等主要环节的研究成果也越来越多。随着生态文明建设和水污染防治行动的深入开展,开展污染底泥清淤工程设计相关规范制定,将积极促进水环境治理行业清淤工程的环保化、规范化开展,保障污染底泥清淤工程的实施效果,并能填补我国关于环保清淤工程的专业化标准空白。

2. 编制目的

为在城市河湖水环境治理污染底泥清淤工程设计中贯彻执行国家的环保政策和相关法律法规,做到技术先进、安全环保、经济合理、确保质量,电建生态公司发布实施企业技术标准《城市河湖水环境治理污染底泥清淤工程设计规范》Q/PWEG 010—2017。

3. 适用范围

本规范适用于以改善城市河湖水质和生态修复为目标的污染底泥清淤工程的设计。

4. 主要内容

本规范主要包括总则、术语、基本资料、现场调查与勘测、清淤量计算、工程规模、工程方案设计、施工组织设计、环境保护与监测等章节内容。

第三节　城市河湖水环境治理污染底泥清淤工程施工规范

1. 编制背景

随着对河湖水体污染机理研究的深入,河湖污染底泥的危害性越发受到重视。国务院"水十条"中明确提出"采取控源截污、垃圾清理、清淤疏浚、生态修复等措施,加大黑臭水体治理力度"。不同于市政污泥,河湖污泥具有泥量大、污染成分复杂、含水率较高、结合力强、收缩率大等特性。采用环保清淤工程方法对河湖污泥进行"减量化、稳定化、无害化、资源化"的异位集中工业化处理,是当前国内外进行内源污染治理的有效手段,而这依赖于污染底泥清淤工程的有效实施。

当前,我国疏浚规范主要有水利部及交通运输部下的《疏浚与吹填工程技术规范》

（SL 17—2014）、《疏浚与吹填工程设计规范》（JTS 181－5—2012）及《疏浚与吹填工程施工规范》（JTS 207—2012）。污染底泥清淤作为河湖水环境综合治理中的重要环节，是水利工程、环境工程和疏浚工程交叉的边缘工程技术。它应是以清除江河湖库污染底泥为主要目的，要求在挖泥、输泥及清淤后对周围环境影响都尽量最小。当前围绕泥沙搅动、扩散和二次污染、精确疏浚及疏浚污泥处理等主要环节的研究成果也越来越多。随着生态文明建设和水污染防治行动的深入开展，开展制定污染底泥清淤工程专用施工规范的制定，将积极促进水环境治理行业清淤工程的环保化、规范化开展，保障污染底泥清淤工程的实施效果。

2. 编制目的

为加强城市河湖水环境治理污染底泥清淤工程施工管理，确保工程施工质量，提高施工技术水平，做到技术先进、安全环保、经济合理，电建生态公司发布实施企业技术标准《城市河湖水环境治理污染底泥清淤工程施工规范》Q/PWEG 011—2017。

3. 适用范围

本规范适用于以改善水质和生态修复为目标的污染底泥清淤工程的施工。

4. 主要内容

本规范主要包括总则、基本规定、基本资料收集与调查勘测、施工准备、清淤施工、污泥输送及接收、二次污染防治、计量方法、施工现场管理等章节内容。

第四节　河湖底泥分类分级标准

1. 编制背景

为坚决贯彻落实生态文明建设，切实加大水污染防治力度，保障国家水安全，指导和推进河湖污染治理，在对河湖污染成因分析研究的基础上，有必要对河湖内源污染进行相关标准制定。经有机物、重金属或其他污染物逐年积累而污染的河湖底泥，会因水流作用释放污染物至水体中，从而形成河湖内源污染，使得河湖污染底泥成为河湖污染治理的重要对象。目前，我国尚无有关河湖底泥环境质量的相关标准，使得污染底泥的减量化、无害化、稳定化等处理工作面临着河湖底泥分类分级不清，处理效果不佳或处理处置不当等问题。

为尽早填补我国底泥环境质量的空白，迫切需要制定专门针对河湖底泥的分类分级标准，以更好地指导河湖污染底泥处理工艺选用及相关工程开展。

2. 编制目的

为贯彻国家环境保护政策，坚持因地制宜的原则，合理选用污泥处理方式，做到技术先进、安全适用、经济合理、确保质量，电建生态公司发布实施企业技术标准《河湖底泥分类分级标准》Q/PWEG 017－2019。

3. 适用范围

本标准适用于河流、湖泊等水体的污染底泥。

4. 主要内容

本标准主要包括总则、术语、基本规定、污染物种类、底泥分类分级、取样与检测等章节内容。

第五节　城市河湖污泥处理厂建设标准

1. 编制背景

为规范水环境治理产业链中河湖污泥处理工艺的使用，急需对河湖污泥处理厂及其相关工艺进行广泛地调查研究和专题技术论证，全面了解相关工程的经验和新技术的应用情况，广泛征求生产、科研、设计等部门和单位的意见，从而制定河湖污泥处理厂建设规范。

2. 编制目的

为规范城市河湖污泥处理厂工程项目建设的科学管理，合理确定建设内容和建设规模，促进我国河湖水环境治理健康有序发展，电建生态公司发布实施企业技术标准《城市河湖污泥处理厂建设标准》Q/PWEG 004—2016。

3. 适用范围

本标准适用于规划建设的河湖污泥处理厂新建、扩建和改建工程。

4. 主要内容

本标准主要包括总则、术语、建设规模与项目构成、厂址选择、工艺及生产系统、辅助配套设施、土建工程及建设用地、环境保护与水土保持、主要技术经济指标等章节内容。

第六节　城市河湖污泥处理厂设计规范

1. 编制背景

随着对河湖水体污染机理研究的深入，河湖污染底泥的危害性越发受到重视。但河湖污泥处理作为黑臭水体内源污染治理的重要环节，也一直是挟制城市河湖水体污染治理的一项技术难题。不同于市政污泥，河湖污泥具有泥量大、污染成分复杂、含水率较高、结合力强、收缩率大等特性。采用环保疏浚工程方法对河湖污泥进行"减量化、稳定化、无害化、资源化"的异位集中工业化处理，是当前国内外进行内源污染治理的有效手段。基于此建立的河湖污泥处理厂，作为河湖污泥处理的中心，如何进行良好的工艺设计以高效开展污泥处理活动,是一个越来越受重视的问题。

为坚决贯彻落实生态文明建设,切实加大水污染防治力度,保障国家水安全,提高河湖内源污染治理成效,有必要进一步规范河湖污泥处理工艺的选择与使用。因此,在对污泥处理厂及其相关工艺进行广泛地调查研究和专题技术论证,全面了解相关工程的经验和新技术的应用情况的基础上,有必要制定污泥处理厂设计规范,为城市河湖污泥处理厂设计及污泥处理工艺的选用提供技术支撑。

2. 编制目的

为在城市河湖污泥处理厂设计中贯彻执行国家的环保和技术经济政策,明确设计原则、内容和方法,统一技术要求,做到技术先进、安全适用、经济合理,确保质量,电建生态公司发布实施企业技术标准《城市河湖污泥处理厂设计规范》(Q/PWEG 018—2019)。

3. 适用范围

本规范适用于新建、扩建和改建的城市河湖污泥处理厂的设计。

4. 主要内容

本规范主要包括总则、术语、基本规定、基本资料、总体设计、污泥接收系统、垃圾分选系统、泥沙分离系统、泥水分离系统、调理调质系统、脱水固化系统、余水处理系统、供配电设计、自动化控制系统、给排水、消防、供暖通风与空调、建筑与结构、其他辅助设施、环境保护与劳动卫生等章节内容。

第七节　城市河湖污泥处理厂工程质量验收规范

1. 编制背景

随着对河湖水体污染机理研究的深入,河湖污染底泥的危害性越发受到重视。不同于市政污泥,河湖污泥具有泥量大、污染成分复杂、含水率较高、结合力强、收缩率大等特性。采用环保疏浚工程方法对河湖污泥进行"减量化、稳定化、无害化、资源化"的异位集中工业化处理,是当前国内外进行内源污染治理的有效手段。基于此建立的河湖污泥处理厂,作为河湖污泥处理的中心,如何根据设计进行良好地建造、施工和验收,以保证污泥处理厂的工程质量,是一个亟待完善的方面。污泥处理厂工程质量的好坏也将直接关系到后续河湖污泥处理活动的正常开展。

河湖污泥处理厂作为临时建筑物,也正逐渐趋向于同时兼顾接收市政污泥处理的功能转换。然而,就目前国家、行业及地方标准而言,尚无针对河湖污泥处理厂的工程质量验收规范予以指导。为实现河湖污泥安全、经济、高效处理,保证河湖污泥处理厂的工程质量,制定相关标准规范是十分有必要的。

2. 编制目的

为加强城市河湖污泥处理厂工程建设质量管理,明确污泥处理厂工程质量验收要求,保证工程质量,电建生态公司发布实施企业技术标准《城市河湖污泥处理厂工程质量验收规范》Q/PWEG 019—2019。

3. 适用范围

本规范适用于新建、扩建、改建的城市河湖污泥处理厂工程施工质量验收。

4. 主要内容

本规范主要包括总则、术语、基本规定、施工测量、地基与基础工程、构筑物、建筑物、设备安装工程、管线工程、电气工程、厂区配套工程等章节内容。

第八节　城市河湖污泥处理厂运行管理与监测技术规范

1. 编制背景

随着对河湖水体污染机理研究的深入,河湖污染底泥的危害性越发受到重视。国务院"水十条"中明确提出"采取控源截污、垃圾清理、清淤疏浚、生态修复等措施,加大黑臭水体治理力度"。我国的湖泊河道的疏浚淤泥量每年至少可达到 7 000 万吨,还有来自城市下水道的大量疏浚淤泥,加在一起每年的淤泥量超过1亿吨。不同于市政污泥,河湖污泥具有泥量大、污染成分复杂、含水率较高、结合力强、收缩率大等特性。采用环保疏浚工程方法对河湖污泥进行"减量化、稳定化、无害化、资源化"的异位集中工业化处理,是当前国内外进行内源污染治理的有效手段,而这依赖于污泥处理厂的有效运行。

为保障城市河湖污泥处理厂的科学运行管理与监测,提高河湖污泥处理的质量和效率,需要相应的技术标准作为支撑,而目前关于城市河湖污泥处理厂的运行管理与监测在国内尚缺乏可参考的标准。因此,组织制定城市河湖污泥处理厂运行管理与监测技术相关标准规范将有助于明确城市河湖污泥处理厂运行管理和监测的技术要求,确保城市河湖污泥处理厂的安全、稳定、高效运行及产出物达标排放或处置,并能填补城市河湖污泥处理厂运行管理与监测方面的标准空白。

2. 编制目的

为加强城市河湖污泥处理厂的运行管理和监测,明确污泥处理厂运行管理和监测的技术要求,确保污泥处理厂安全、稳定、高效运行及产出物达标排放或处置,电建生态公司发布实施企业技术标准《城市河湖污泥处理厂运行管理与监测技术规范》Q/PWEG 020—2019。

3. 适用范围

本规范适用于污泥处理厂的运行管理和监测。

4. 主要内容

本规范主要包括总则、术语、基本规定、运行管理要求、产出物监测要求、恶臭污染物控制要求、厂界环境噪声控制要求、设备运行维护要求、安全操作要求、运行记录与数据统计等章节内容。

第九节　城市河湖污泥处理厂垃圾处置标准

1. 编制背景

随着城市河湖水污染治理工程的逐步增多与工程经验的不断积累,当前国内业界均已认识到河湖内源污染对水体污染的重要影响。因此除前端的控源截污,内源控制与治理同样是城市河湖水环境治理的重要组成部分。

为贯彻《国务院关于印发水污染防治行动计划的通知》(国发〔2015〕17号)、《国务院办公厅关于印发国家标准化体系建设发展规划(2016—2020年)的通知》(国办发〔2015〕89号)的要求,根据《中华人民共和国环境保护法》《中华人民共和国水污染防治法》《中华人民共和国固体废物污染环境防治法》,在建设城市河湖污泥处理厂的同时解决污泥中的垃圾处置问题,防止二次污染,维护良好生态环境,提高资源化利用水平,促进循环经济发展和城市生态文明建设,急需制定相关标准规范予以指导。

2. 编制目的

为规范城市河湖污泥处理厂的垃圾处置和资源化利用,电建生态公司发布实施企业技术标准《城市河湖污泥处理厂垃圾处置标准》Q/PWEG 008—2016。

3. 适用范围

本标准适用于我国城市河湖污泥处理厂垃圾的处置和管理。

4. 主要内容

本标准主要包括总则、术语、垃圾分类、垃圾处置等章节内容。

第十节　城市河湖污泥处理厂余沙处置标准

1. 编制背景

随着城市河湖水污染治理工程的逐步增多与工程经验的不断积累,当前国内业界已认识到河湖内源污染对水体污染的重要影响。为贯彻《中华人民共和国环境保护法》《中华人民共和国水污染防治法》《中华人民共和国固体废物污染环境防治法》,在河湖内源控制与治理过程中,在建设城市河湖污泥处理厂的同时解决余沙处置问题,提高资源化利用水平,防止二次污染,维护良好生态环境,促进循环经济发展和城市生态文明建设,急需制定相关标准规范予以指导。

2. 编制目的

为规范城市河湖污泥处理厂余沙的安全处置和资源化利用，电建生态公司发布实施企业技术标准《城市河湖污泥处理厂余沙处置标准》Q/PWEG 007—2016。

3. 适用范围

本标准适用于城市河湖污泥处理厂余沙的处置。

4. 主要内容

本标准主要包括总则、术语、基本规定、余沙分级、余沙处置、取样与检测等章节内容。

第十一节　城市河湖污泥处理厂余水排放标准

1. 编制背景

随着河湖水污染治理工程的逐步增多与工程经验的不断积累，当前国内业界均已认识到河湖内源污染对水体污染的重要影响。因此，除了前端的控源截污，内源控制与治理同样是城市河湖水环境治理的重要组成部分。

为贯彻《中华人民共和国环境保护法》《中华人民共和国水法》《中华人民共和国水污染防治法》《中华人民共和国海洋环境保护法》，在河湖内源控制与治理过程中，为在建设城市河湖污泥处理厂的同时解决余水排放问题，提高水资源利用化水平，防止二次污染，维护良好生态环境，促进循环经济的发展和城市生态文明建设，急需制定相关标准规范予以指导。

2. 编制目的

为规范城市河湖污泥处理厂余水的安全排放，电建生态公司发布实施企业技术标准《城市河湖污泥处理厂余水排放标准》Q/PWEG 006—2016。

3. 适用范围

本标准适用于我国城市河湖污泥处理厂余水的排放和管理。城镇应急污水处理设施、移动式污泥处理设备、水上污泥疏浚处理集成化设备、污水管网截排应急污水处理设施等处理后余水的排放和管理，亦可按本标准执行。

4. 主要内容

本标准主要包括总则、术语、余水处理、标准分级和标准值、余水排放、取样与检测等章节内容。

第十二节　城市河湖污泥处理厂余土处置标准

1. 编制背景

当前,国内针对市政污泥处置已有城镇污水处理厂污泥处置系列标准(混合填埋用、园林绿化用、土地改良用、单独焚烧用、制砖用、农用、水泥熟料生产用、林地用等泥质标准),但河湖污泥与市政污泥之间存在着较大特性差异,市政污泥处置相关标准并不满足河湖污泥处理处置的实际需求。因此,河湖污泥经异位工业化处理后产生的余土如何环保、有效、资源化处置,急需制定相关标准指导河湖污泥处置活动的开展,有效解决余土处置问题,提高资源化利用水平,防止二次污染,维护良好生态环境,促进循环经济的发展和城市生态文明建设。

2. 编制目的

为规范城市河湖污泥处理厂生产余土的处置和资源化利用,电建生态公司发布实施企业技术标准《城市河湖污泥处理厂余土处置标准》Q/PWEG 005—2016。

3. 适用范围

本标准适用于城市河湖污泥处理厂余土处置途径的选择。

4. 主要内容

本标准主要包括总则、术语、基本规定、余土分级、余土处置等章节内容。

第十三节　城市河湖污泥处理厂余土检测技术规范

1. 编制背景

在水环境治理工程中,河湖污泥经过污泥处理厂的异位集中工业化处理后的产出物中,余土作为最主要产出物,其质量好坏成为了产出物处置前质量控制的关键。针对余土污染物含量各项指标的检测,直接关系到余土的后续处置途径选择及资源化利用相关环节。

然而就目前国家、行业及地方标准而言,尚无可适用的检测规程规范予以指导。为实现河湖污泥安全、经济、高效处理,保证河湖污泥经过污泥处理厂处理后的余土产物达标产出,促进污染底泥资源化利用,制定余土检测相关标准规范是十分有必要的,从而可为余土的质量控制环节和环保化、资源化处置环节的检测进行提供技术支撑和规范指导。

2. 编制目的

为贯彻执行国家的环保和技术经济政策,实现城市河湖污泥处理厂余土的安全处置和资源化利用,防止二次污染,明确余土的检测指标,统一检测方法,电建生态公司发布实施企业技术标准《城市河湖污泥处理厂余土检测技术规范》Q/PWEG 021—2019。

3. 适用范围

本规范适用于城市河湖污泥处理厂余土的检测。

4. 主要内容

本规范主要包括总则、术语、基本规定、余土采样、余土样品检测、检测成果等章节内容。

第七章

城市排水管网排查工程
技术标准制订

第一节　概述

为加快补齐城镇污水收集和处理设施短板，实现污水管网全覆盖、全收集、全处理，2019 年 4 月，住建部、生态环境部、发改委联合印发《城镇污水处理提质增效三年行动方案（2019—2021）》（以下简称《方案》），《方案》提出主要目标：经过 3 年努力，地级及以上城市建成区基本无生活污水直排口，基本消除城中村、老旧城区和城乡接合部生活污水收集处理设施空白区，基本消除黑臭水体，城市生活污水集中收集效能显著提高。推进生活污水收集处理设施改造和建设，主要包括建立污水管网排查和周期性检测制度、加快推进生活污水收集处理设施改造和建设、健全管网建设质量管控机制。《关于国民经济和社会发展第十四个五年规划和 2035 年远景目标纲要的决议》第三十八章第二节"全面提升环境基础设施水平"规定了"十四五"时期环境基础设施建设的主要任务，其中"推进城镇污水管网全覆盖"排在精准提标、污泥无害化、污水资源化之前，在水污染治理中位列第一。2021 年 6 月，国家发改委、住建部印发《"十四五"城镇污水处理及资源化利用发展规划》（发改环资〔2021〕827 号），针对管网工作要求"基本消除城市建成区生活污水直排口和收集处理设施空白区，全国城市生活污水集中收集率力争达到 70％"。"十四五"期间，管网已经成为水污染防治工作的重点之一，按照生态环境部的计算，全国"污水管网＋雨水管网"的总投资要超过 2 万亿元，将是一个体量非常庞大的新兴市场。

排水管网提质增效是一项系统性、整体性工作，应摸清现状排水管网的运行效能。目前许多城市排水管网存在管道老化、堵塞、破损、渗漏等问题，尤其是在高地下水位地区，由于排水管网破损造成的城市地下水入渗不仅会增加污水处理厂、泵站的运行费用，降低污水处理厂的处理效率，而且还会造成合流制管道和雨水管渲容量被地下水占据，降低排涝能力，且管道老化、破损等问题，同样也会造成污水入渗，使污水排入河道，造成河道水体污染；另外，雨污混接会直接造成大量污水直排河道，造成河道黑臭污染。因此要调查清楚排水管网存在的问题，应首先开展管网系统的诊断评估，确定重点问题区域。针对选定的排水管网系统，通过开展雨污管网系统的网格化水质水量监测，定量解析雨水管网混接污水水量来源和污水管网地下水入渗、雨水量来源，为针对性实施排水管网提质增效提供依据。

国外排水管网排查评估相关代表性标准规范主要是美国环保署 EPA1993 年发布的《Investigation of inappropriate pollutant entries into storm drainage systems. A user guide》。该指南主要对进入雨水系统的污染源的调查提供指导，主要内容包括雨污混错接、水质特征因子、水质水量平衡分析方法、污染源水量及定位等。该指南侧重于雨水管道污染源调查，缺少污水管网排查的内容。

国内早期排水管网的排查主要集中在管道的缺陷检测方法及设备上，缺少整个排水系统的宏观排查的标准规范。行业标准《城镇排水管道检测与评估技术规程》CJJ 181—2012 吸收了国内外相关标准的优点，并结合各地工程经验编制而成，重点突出 CCTV、声纳和管道潜望镜的检测方法，对传统检测方法仅作原则性规定。目前国内广东、上海、北京、安徽、山东等省市出台了一系列排查相关行业标准和地方标准，如广东省《城镇公共排水管道检测与评估技术规程》DB44/T 1025—2012，北京市《城镇排水管道检查技术规程》DB11/T 1594—2018，上海市《排水管道电视和声纳检测评估技术规程》DB31/T 444—2009，山东省《城镇排水管道检测与评估技术规程》DB37/T 5107—2018，安徽省《城镇排水管道检测与评估技术规程》DB34/T 3587—2020，《深圳市市政排水管道电视及声纳检测评估技术规程（试行）》等地方标准，这些标准中重点突出 CCTV、声纳和管道潜望镜等微观管道检测方法，对管道缺陷分类定义、表示方法和评估标准进行规定。随着我国排水管道管理者观念的更新和检测技术的进步，现有标准很大程度上已不能满足管道排查精细化要求，也不能解决暗涵、满管等问题。

随着物联网、大数据、云计算及移动互联网等新技术不断融入环保产业，水环境治理行业智慧化发展的特征逐步显露。及时精准的监测和检测数据将成为辅助管理和科学决策的重要基础，以及评价水环境质量和污染治理成效的重要依据。水环境治理技术将向着更加高端化、智能化、精细化的方向发展。因此为更好地指导排查工作，需要对现有标准进行梳理，查漏补缺，补充制定先进排查技术标准，满足管道排查精细化要求，解决暗涵排查以及满水干管检测等问题，服务排水管网提质增效工作。

第二节　排水管道检测资料整编规范

1. 编制背景

排水管网是城市重要的基础设施之一，是城市水污染防治、排污及防洪排涝的骨干工程，担负着收集城市生活污水和工业生产废水、及时排除城区雨水的任务，是保证城市正常运转的重要生命线。随着社会经济的迅速发展，城市中的排水管道系统日趋完善并带来了显著的社会效益，但因新修管道质量问题或原有管道在运营过程中老化严重、带病作业，其隐患对居民生活质量及生命安全的影响是巨大的，因此，开展对排水管道检测，及时掌握管道结构和功能安全程度，进而运用科学手段指导养护维修工作，已是当务之急。

2. 编制目的

国内现行的排水管道检测规程有行业标准和上海、广东、深圳等省市地方标准，这些标准相似程度较高，但均对检测资料整编工作的规定较少，没有明确要求。因此，各项目业主对检测成果（表）应有的内容不甚明确、成果要求不完善，易频繁变更，检测成果使用效果欠佳，造成检测资料多次重新整编，检测成果反复提交，成果统计工作量大，需耗费大量的人力和物力，资料整编效率低下。

结合茅洲河工程项目实践,电建生态公司对排水管道检测资料的整编工作做了很多深入探索和研究,形成了一套较完整、有效的资料整编操作规则,发布实施企业技术标准《排水管道检测资料整编规范》Q/PWEG 027—2019。本规范既能大大提高检测方的工作效率,也能使业主及时、全方位掌握工程现场检测的各项情况,对指导后期工作非常有效,且工程越大越有优势,有必要推广应用。

3. 适用范围

本规范适用于新建排水管道和已建排水管道检测资料整编工作,亦可适用于其他类似工程的管道检测资料整编工作。

4. 主要内容

本规范主要包括总则、术语和符号、基本规定、整编内容、整编方法、数据结构及文件名、校验与汇编、成果等章节内容。

第三节　城市地下暗涵三维激光扫描作业技术规程

1. 编制背景

2015 年 4 月,国务院正式发布《水污染防治行动计划》。根据《水污染防治行动计划》,省会城市要于 2017 年底前完成基本消除建成区黑臭水体的工作任务,而城市暗管涵作为黑臭水体治理的重要环节,彻底探明城市暗管涵的本体尺寸规模、排口空间分布情况等信息尤为重要。经过多年来的探索与实践,三维激光扫描技术通过其特有的技术优势,在城市暗管涵排查中取得了良好的效果,逐渐成为城市暗管涵排查的必要手段之一。

在此背景下,应对我国城市暗管涵三维激光扫描相关作业技术规程进行分析研究,了解现有标准对于工程活动开展的适用性,积极开展空缺标准的研究与制定,以进一步规范城市暗管涵三维激光扫描工作的开展与管理,有效保障城市黑臭水体治理工作的精准部署与推进。本标准的制定旨在指导与规范三维激光扫描应用于城市暗管涵排查工作。

2. 编制目的

为加快推进我国黑臭水体整治工作开展,深化城市地下暗管涵排查工作,规范三维激光扫描技术在城市地下暗管涵排查工作中的应用,做到技术应用科学合理、作业程序规范得当、项目生产有序高效。编制组经广泛调查研究,认真总结工程实践经验,在广泛征求意见的基础上,电建生态公司发布实施企业技术标准《城市地下暗涵三维激光扫描作业技术规程》Q/PWEG 028－2020。

3. 适用范围

本规程适用于采用三维激光扫描技术进行的城市地下暗管涵排水口排查及测绘

作业。

4. 主要内容

本规程主要内容包括总则、术语、基本规定、技术准备、数据采集、数据预处理、成果制作、质量控制与成果归档等章节内容。

第八章

水环境治理工程施工技术标准制订

第一节 概述

党的十九大召开后，国家对生态环境整治力度呈持续加大态势。加快水污染防治，着力解决突出水环境问题，实施流域水环境综合治理已成为消除城市黑臭水体的重要发展趋势。雨污分流管网工程作为城市河湖水环境综合治理工程项目的重要组成部分，往往需要通过建设大量的排水管网达到雨污分流的目的。

当前，我国新建、扩建和改建城镇公共设施和工业企业的室外给排水管道工程的施工及验收，主要参照《给水排水管道工程施工及验收规范》GB50268—2008 进行，采取工程 EPC 总承包模式在短期内建设大规模成片成网的管网系统相对较少，而在现阶段我国城市河湖水环境综合治理工程项目中则相对普遍。开展制定城市河湖水环境治理雨污管网工程验收规范，将有助于在现有国家、行业相关验收规范要求基础上更加合理、高效地完成管网验收，以尽快将新建管网投入正常使用，发挥其应有的功能及工程效益。

第二节 编制目的

为规范城市河湖水环境治理雨污管网工程验收工作，促进已完工雨污管网工程的竣工验收、移交使用，尽早发挥雨污管网工程投资效益，做到科学合理、程序规范、有序高效，确保工程质量，电建生态公司发布实施企业技术标准《城市河湖水环境治理雨污管网工程验收规范》Q/PWEG 016－2018。

第三节 适用范围

本规范适用于城市河湖水环境治理雨污管网工程的验收和移交。

第四节 主要内容

本规范主要包括总则、术语、基本规定、验收划分、试验与检验、质量验收、质量验收的程序和组织等章节内容。

第九章

水环境治理工程造价与定额标准制订

第一节　概述

党的十八大将生态文明建设纳入中国特色社会主义事业"五位一体"总体布局，"美丽中国"成为中华民族追求的新目标，而水环境治理是生态文明建设的重要组成部分。随着国家"水十条"的落地，城市水环境综合治理业务已全面展开而国家并未正式颁布关于水环境治理与生态修复项目的定额标准，项目概预算大多采用城建建工、水利等相关、相近行业的定额标准。国内从事城市河湖水环境治理工程领域的企业基本没有建立自身的企业定额，在投标过程中往往是按照国家、行业或地区定额凭经验确定人工、材料和机械台班消耗量及投标价格。

2014年，住房和城乡建设部发布《关于进一步推进工程造价管理改革的指导意见》（建标〔2014〕142号），提出了"鼓励企业编制企业定额"等要求。2015年，住房和城乡建设部出台《建设工程定额管理办法》（建标〔2015〕230号，以下简称《管理办法》）为指导意见的配套文件，是对工程定额管理改革的深化和细化。《管理办法》中规定由政府主管部门通过购买服务等多种方式，充分发挥企业、科研单位、社团组织等社会力量在工程定额编制中的基础作用，提高工程定额编制水平，更具开放性，改变了以往工程定额仅由政府部门单一编制的现象，有助于提高定额编制的科学性、及时性；鼓励企业编制企业定额，则有助于提高企业的竞争力，形成多元化的工程定额体系。相关文件的出台，为企业参与各级定额编制提供了政策依据。

由于城市河湖水环境治理工程是集水利、城建、环境等为一体的综合性系统工程，工程子项种类繁多，专业技术门类复杂。企业要在激烈的市场竞争中立于不败之地，获得健康稳定的发展，除了应用科学的管理方法、先进的施工技术外，还应结合城市河湖水环境治理工程涉及多行业的特点，在科学、客观地编制城市河湖水环境治理工程定额，控制工程成本，指导投标报价的同时，引领行业发展，增强企业核心竞争力。

目前城市河湖水环境治理工程没有统一的定额，各项工程费用的计取基本是借助水利、市政、园林绿化等定额，虽然可以暂时解决城市河湖水环境治理工程概预算编制问题，但因不同行业定额彼此差异性较大，无法体现水环境治理融合多行业的特点。为规范城市河湖水环境治理工程建设定额管理，促进城市河湖水环境治理工程建设市场的健康发展，真实反映当前城市河湖水环境治理工程设计、施工技术和管理水平，满足城市河湖水环境治理工程投资控制和造价管理需要，有必要开展构建水环境治理工程定额体系和企业定额编制工作。

水环境治理工程定额主要涉及城建建工、水利等多个行业定额，目前以上各行业定额已构建完善，且基本满足各自建设工程全过程计价的需要。水环境治理工程可在上述行业定额的基础上，全面吸取已有行业定额的成果数据，适用定额内容直接引用；并基于水环境治理工程独有特点和设备、材料应用状况，对部分定额内容和数量进行重新测算、调整优化，汇总形成适应工程量清单计价管理需要的水环境治理工程定额体系。

电建生态公司基于水环境治理工程实践，针对河湖污泥清淤与处理工程编制发布实施《河湖污泥清淤与处理工程消耗量定额》《河湖污泥清淤与处理工程施工机械台班费用定额》《河湖污泥清淤与处理工程计价规则》，为相关工程概预算编制及今后类似工程有效控制投资提供了依据，填补了我国河湖污泥清淤与处理工程计价依据的缺失；针对茅洲河流域（宝安片区）水环境综合整治项目（设计采购施工项目总承包）静压钢板桩工程没有相应工程定额的情况，公司测定并编制了静压钢板桩工程定额，经深圳市工程建设造价管理站审核，以市政工程补充定额的形式发布，有力地支持了深圳市静压钢板桩工程的计量结算；针对城市管网排查编制发布实施《城市暗涵、暗渠、暗河探查费计算标准》，明确城市暗涵、暗渠、暗河探查费费用构成、编制规则和计算方法，为有效指导相关工程子项的履约提供了技术支撑。

第二节　河湖污泥清淤与处理工程消耗量定额

1. 编制背景

随着对河湖水体污染机理研究的深入，污染底泥的危害性越发受到重视。河湖污泥处理作为黑臭水体内源污染治理的重要环节，也一直是制约城市河湖水体污染治理的一项技术难题。采用环保清淤工程方法对河湖污泥进行"减量化、稳定化、无害化、资源化"的异位集中工业化处理，是当前国内外进行河湖内源污染治理的有效手段。但基于此建立的河湖污泥处理厂生产过程中如何进行计量、计价，在国内尚缺乏可参照的定额，定额的缺失制约了当前项目环保清淤和底泥处理工程的正常进行。

电建生态公司承接的茅洲河流域（宝安片区）水环境综合整治项目包括雨污分流管网工程、河道整治工程、排涝工程、水生态修复工程、补水工程、形象提升工程6大类共46个子项目。其中清淤及底泥处置工程属河道整治工程，投资约12.62亿元，主要工程内容为河道清淤、污泥处理（包含两座底泥处理厂建设）共两部分，河道清淤主要工程内容包括茅洲河干流和沙井河共2条河道，清淤工程量为371.63万 m³。底泥处理范围为17条干支流及2个排涝工程，17条河道分别为茅洲河、沙井河、罗田水、老虎坑水、龟岭东水、塘下涌、沙浦西排洪渠、松岗河（含楼岗河）、东方七支渠、潭头渠、潭头河、新桥河、万丰河、石岩渠、道生围涌、共和涌和衙边涌；2个排涝工程分别为桥头片区排涝工程、沙浦北片区排涝工程，污泥处理总量为417.74万 m³。

为解决水环境治理工程污泥清淤与处理关键技术问题，电建生态公司根据污泥的性质、类型及处置要求进行了大量科研试验，形成了包括环保清淤、污泥运输、污泥接收、垃圾分离、泥沙分离、泥水分离、调理调质、脱水固化、余水处理的系统化、专业化污泥清淤与处理技术。该技术属于工程建设过程中出现的新技术、新工艺,现有定额中没有相应或类似定额子目,清淤及污泥处置工程可行性研究报告清淤及污泥处理投资估算均采用造价指标计价,后期初步设计概算、施工图预算编制将无定额适用,因此需联合项目参建各方以茅洲河项目为依托对清淤与污泥处理工程消耗量定额以及配套的机械台班费用定额进行测定和编制,为本工程概预算编制及今后类似工程有效控制投资提供依据。

2. 编制目的

为解决水环境治理工程河湖污泥清淤与处理工程计量、计价问题,推广河湖污泥清淤与处理技术,有效规范河湖污染底泥清淤与处理工程计价行为,电建生态公司牵头编制组以《建筑安装工程费用项目组成》(建标〔2013〕44 号)、《建设工程工程量清单计价规范》(GB50500—2013)、《市政工程消耗量定额》(ZYA1—31—2015)为基础,根据国家有关现行标准、规范,总结深圳市茅洲河流域水环境综合整治项目污染底泥清淤与处理工程实践经验,结合《深圳市市政工程综合价格》、《水利工程设计概(估)算编制规定》(2014年版)、《水利建筑工程预算定额》(2002 年),发布实施企业技术标准《河湖污泥清淤与处理工程消耗量定额》Q/PWEG 012—2017。

3. 适用范围

本定额适用于城市河湖污泥清淤与处理工程投资估算、设计概算、施工图预算的编制。

4. 主要内容

本定额主要包括污泥清淤、污泥运输、污泥接收、垃圾分选、泥沙分离、泥水分离、调理调质、脱水固化、余水处理及其他章节内容,相关工艺消耗量按照正常的施工条件(即目前的工人技术水平、机械装备程度、合理的施工组织设计、施工工期、施工工艺、操作规程及使用合格的建筑材料、成品、半成品)编制,反映了平均的劳动、材料及机械消耗水平。

第三节　河湖污泥清淤与处理工程施工机械台班费用定额

1. 编制背景

随着对河湖水体污染机理研究的深入,污染底泥的危害性越发受到重视。河湖污泥处理作为黑臭水体内源污染治理的重要环节,也一直是制约城市河湖水体污染治理的一项技术难题。采用环保清淤工程方法对河湖污泥进行"减量化、稳定化、无害化、资源化"的异位集中工业化处理,是当前国内外进行河湖内源污染治理的有效手段。但基于此建立的河湖污泥处理厂生产过程中如何进行计量、计价,在国内尚缺乏可参照的定额,定额的缺失制约了当前项目环保清淤和污泥处理工程的正常进行。

2. 编制目的

为解决水环境治理工程河湖污泥清淤与处理工程计量、计价问题,推广河湖污泥清淤与处理技术,有效规范河湖污染底泥清淤与处理工程计价行为,按照国家相关的财税政策,参考《建设工程施工机械台班费用编制规则》、《深圳市建设工程施工机械台班定额》(2014)、《水利工程施工机械台时费定额》(2002)等,结合本企业污染底泥清淤与处理工程施工机械使用和管理的现状,编制组认真总结实践经验,电建生态公司发布实施企业技术标准《河湖污泥清淤与处理工程施工机械台班费用定额》Q/PWEG T07.2—5.1—2017。

3. 适用范围

本定额适用于城市河湖污泥清淤与处理工程投资估算、设计概算、施工图预算的编制。

4. 主要内容

本定额编制了河湖污泥清淤与处理工程中常用的船舶类机械、泵类机械、筛分机械及污泥(水)处理机械,共计 4 类机械 55 个子目。本定额的费用项目划分为一类费用和二类费用。一类费用包括:台班折旧费、大修理费、经常修理费、安拆费及场外运输费和机械管理费;二类费用包括:台班人工费和燃料动力费。本定额是按照国家相关的财税政策,结合建设工程施工机械使用和管理的现状编制,反映了各类施工机械的平均运行成本。

第四节　河湖污泥清淤与处理工程计价规则

1. 编制背景

随着河湖水污染治理工程项目的不断开展与工程实践经验的不断积累,河湖污泥清淤与处理技术也不断得到创新与实践。现有的计价规则及定额主要是针对河道疏浚、污泥的转运填埋、污水处理厂污泥处理等,我国还没有专门针对河湖污泥环保清淤以及工业化处理的计价规则及配套定额。编制《河湖污泥与清淤工程计价规则》及配套定额,解决河湖污泥清淤与处理工程计价问题,为茅洲河项目概预算编制及今后类似工程有效控制投资提供依据,填补我国河湖污泥清淤与处理工程计价依据的缺失,开展相关标准的编制十分有必要。

2. 编制目的

为解决水环境治理工程河湖污泥清淤与处理工程计价问题,根据《建筑安装工程费用项目组成》(建标〔2013〕44 号)、《建设工程工程量清单计价规范》GB50500—2003、有关现行国家计量规范的相关规定,结合国家和行业相关计价规定以及河湖污泥清淤与处理工程实际,电建生态公司发布实施企业技术标准《河湖污泥清淤与处理工程计价规则》

Q/PWEG 014—2017。

3. 适用范围

本标准适用于水环境治理工程中河湖污泥清淤与处理工程投资估算、设计概算、施工图预算、工程结算编制、合同价款调整和工程计价争议处理等计价活动。

4. 主要内容

主要包括总则、术语、计价标准组成、工程费用组成、计价程序、计价方法、工程量清单编制、计价费率标准、条文说明等章节内容。河湖污泥清淤与处理工程建设投资包括建安工程费、工程建设其他费、设备购置费及预备费等章节内容。

第五节　深圳市静压钢板桩定额

1. 编制背景

为减少噪音污染和振动对施工现场周边建筑的影响，深圳茅洲河（宝安片区）水环境综合整治工程在重点保护区使用了静压钢板桩施工工艺，该工艺属于城市水环境综合整治建设工程中出现的新工艺和新技术，现有定额中没有相应或类似子目。这给本项目工程结算和今后类似项目建设准确把握工程投入、有效控制工程建设投资带来较大困难。因此，开展静压钢板桩定额编制非常必要且迫切。

电建生态公司于 2017 年 5 月至 2017 年 7 月联合项目参建各方，以茅洲河项目为依托，对静压钢板桩定额进行测定和编制，成立两个定额现场测定小组，在现场监理的参与下，首先对沙井街道老城片区雨污分流管网工程和松岗街道楼岗、潭头片区雨污分流管网工程两个施工班组的静压钢板桩施工工序人、材、机消耗量分别进行现场实测；然后对样本数据进行统计分析，编制静压钢板桩消耗量定额，并依据《深圳市建设工程信息价》《深圳市建设工程计价费率标准（2013）》等价格文件，编制静压钢板桩综合价格，并与市场调查价进行对比分析，测算定额水平。经第三方造价咨询单位评估后，报深圳市工程建设造价管理站审批。

2. 编制目的

为进一步满足深圳市新技术、新工艺计价需求，依据《深圳市建设工程信息价》《深圳市建设工程计价费率标准（2013）》等价格文件，结合现有静压钢板桩工程实际案例，深圳市工程建设造价管理站在电建生态公司静压钢板桩定额工作基础上，组织相关专业人员进行定额测算，于 2018 年 7 月 26 日发布《静压钢板桩定额子目（试行）》，为深圳市静压钢板桩工程结算及今后类似工程有效控制投资提供了依据。

3. 适用范围

本定额适用于桩长 12 m 以内，采用静压植桩机单独压入的钢板桩工程。钢板桩使用过程中的摊销量已计入钢板桩打桩子目，摊销量按照周转使用 20 次、损耗率按 5%

计算。

本定额子目已包含 3 个月的钢板桩使用费,超过 3 月部分的钢板桩摊销费用执行《深圳市市政工程消耗量定额(2017)》中的"钢板桩延时使用子目";已包含钢板桩桩间支撑费用,且按市政工程相关费率标准编制。

4. 主要内容

本定额主要包括压钢板桩、拔钢板桩、静压植桩机台班定额、静压植桩机场外运输费用等章节内容。

第六节 城市暗涵、暗渠、暗河探查费计算标准

1. 编制背景

国家计委、建设部制定的《工程勘察设计费计算标准》(计价格〔2002〕10 号)(以下简称《标准》)2002 年 3 月 1 日起实施,该收费标准实施以来,对规范勘察设计行业收费发挥了巨大作用,有着深远影响。2015 年国家发展改革委发改价格〔2015〕299 号《关于进一步放开建设项目专业服务价格的通知》明确:"放开除政府投资项目及政府委托服务以外的建设项目前期工作咨询、工程勘察设计、招标代理、工程监理等 4 项服务收费标准,实行市场调节价。"勘察设计费计算标准虽已不是强制标准,实行市场调节价,但依据《工程勘察设计费计算标准》计算出来的勘察设计费仍是市场定价的基础,依然具有参考性。

为适应国家政策要求及城市河湖水环境治理工程建设管理的需要,更好地反映国家的现行政策,贯彻发改委文件要求,明确服务内容,保证服务及产品质量,在保证质量、提供优质服务的前提下开展有序竞争,进一步加强和规范城市暗涵、暗渠、暗河探查费计算造价管理工作,有必要开展城市暗涵、暗渠、暗河探查费计算标准编制工作。

2. 编制目的

为明确城市暗涵、暗渠、暗河探查费费用构成、编制规则和计算方法,规范其计算方法及相关标准,根据《中华人民共和国价格法》及有关法律、法规,结合城市暗涵、暗渠、暗河探查工作特点,电建生态公司发布实施企业技术标准《城市暗涵、暗渠、暗河探查费计算标准》Q/PWEG 026—2019。

3. 适用范围

本标准适用于城市范围内原有暗涵、暗渠、暗河探查费计算。探查工作应评价暗涵、暗渠、暗河的结构、功能、淤积情况,排查暗涵、暗渠、暗河内所有排水口信息,对确认为污水排水口的应向上游溯源找出污水来源。

4. 主要内容

本标准主要技术包括城市暗涵、暗渠、暗河探查费计算标准的基本规定、探查费计算方法及标准、探查费计算书编制要求等章节内容。

第七节　城市河湖水环境治理工程投资估算编制规定等 3 项造价标准

1. 编制背景

随着国家"水十条"的落地,水环境综合治理已全面展开,城市河湖水环境治理工程是集水利、城建、环境等为一体的综合性工程,工程子项种类繁多,专业技术门类复杂。当前,国家并未正式颁布关于城市河湖水环境治理工程投资估算、设计概算、费用构成及概(估)算费用标准等相关造价标准的编制规定,项目投资大多参照采用市政、水利等行业相关编制规定编制。采用多个行业的编规确定一个项目的投资,存在编制方法不统一、项目划分界限模糊、多行业间编制投资交叉重叠等问题,给项目前期合理确定项目投资和项目实施阶段控制投资带来困难。

投资估算是城市河湖水环境治理工程可行性研究阶段依据可行性研究设计文件,按照规定的程序、方法和依据,对拟建的城市河湖水环境治理工程所需总投资及其构成进行的预测和估计,是投资决策阶段可行性研究报告的重要组成部分,是项目决策的重要依据之一。

设计概算是城市河湖水环境治理工程初步设计阶段依据初步设计文件,按照规定的程序、方法和依据,对拟建的城市河湖水环境治理工程所需总投资及其构成进行的概略计算,是编制固定资产投资计划、确定和控制建设项目投资的依据。

2. 编制目的

为满足城市河湖水环境治理工程前期决策和投资管理需求,完善城市河湖水环境治理工程造价标准体系,统一城市河湖水环境治理工程投资估算、设计的编制规则和计算方法,统一和规范城市河湖水环境治理工程费用构成和概(估)算费用标准,提高设计概(估)算编制质量,合理确定水环境治理工程投资,维护工程建设各方的合法权益,促进水环境治理行业健康发展,电建生态公司目前正在制定企业技术标准《城市河湖水环境治理工程投资估算编制规定》Q/PWEG、《城市河湖水环境治理工程设计概算编制规定》Q/PWEG、《城市河湖水环境治理工程费用构成及概(估)算费用标准》Q/PWEG。

3. 适用范围

《城市河湖水环境治理工程投资估算编制规定》主要适用于城市河湖水环境治理工程可行性研究阶段投资估算编制。

《城市河湖水环境治理工程设计概算编制规定》主要适用于城市河湖水环境治理工程初步设计阶段设计概算编制。

《城市河湖水环境治理工程费用构成及概(估)算费用标准》主要适用于新建、改建、扩建的城市河湖水环境治理工程投资估算、设计概算编制。

4. 主要内容

《城市河湖水环境治理工程投资估算编制规定》主要包括总则、项目划分、工程费用估算编制、工程建设其他费用编制、分年度投资及资金流量、预备费、建设期利息、总估算编制、估算表格式等章节内容。

《城市河湖水环境治理工程设计概算编制规定》主要包括总则、项目划分、工程费用概算编制、工程建设其他费用编制、分年度投资及资金流量、预备费、建设期利息、总概算编制、概算表格式等章节内容。

《城市河湖水环境治理工程费用构成及概（估）算费用标准》主要包括总则、费用构成、费用标准等章节内容。

第八节　城市河湖水环境治理工程勘察设计费计算标准

1. 编制背景

国家发展改革委发改价格〔2015〕299 号《关于进一步放开建设项目专业服务价格的通知》，明确工程勘察设计费计算由国家指导价放开为市场调节价。为适应国家政策要求及河湖水环境治理工程建设管理的需要，更好地反映国家的现行政策，贯彻发改委文件要求，明确服务内容，保证服务及产品质量，在保证质量、提供优质服务的前提下开展有序竞争，进一步加强和规范城市河湖水环境治理工程造价管理工作，完善企业标准体系，明确勘察设计费编制规则和计算方法，充分发挥标准在推动企业发展、提高核心竞争力的推动作用，合理确定工程投资，提高投资效益，维护工程参建各方的合法权益，促进河湖水环境建设事业的健康发展，制定《城市水环境治理工程勘察设计费计算标准》具有十分重要的现实意义。

2. 编制目的

电建生态公司先后制定了《城市河湖水环境治理综合规划设计编制规程》（T/WEGV 0002—2019）《城市河湖水环境治理工程设计阶段划分及工作规定》等 8 项企业技术标准，填补了水环境治理行业在勘察设计方面技术标准空白。但与之配套使用的勘察设计费计算标准仍然缺失，为进一步规范城市河湖水环境治理工程勘察设计收费管理，推动公司水资源与环境业务有序开展，促进行业健康发展，特提出开展企业技术标准《河湖水环境治理工程勘察设计收费标准》Q/PWEG 的制订工作。

本标准的制定将在完善企业标准体系，协助有关行业主管部门推动水环境治理行业技术标准（规范）的制定，占领水环境治理领域制高点，促进河湖水环境建设事业的健康发展、提高核心竞争力起到积极作用。

3. 适用范围

本标准适用于国内新建、改建、扩建的城市河湖水环境治理工程可行性研究阶段投资估算和初步设计阶段设计概算中勘察设计费的计算和编制。大型湖泊、河口、海湾水环境治理工程概（估）算编制可参照执行。

4. 主要内容

本标准主要包括城市河湖水环境治理工程勘察设计费计算标准的基本规定、工程勘察费计算方法及标准、工程设计费计算方法及标准、工程勘察设计费计算书编制要求等章节内容。

第十章

水环境治理工程重大专项措施与技术标准

第一节　重大专项措施

结合城市水环境条件与水质治理目标,按照"控源截污、内源治理、水质净化、清水补给、生态修复"的治理思路,筛选出技术可行、经济合理、效果明显的技术方法,形成城市水环境治理的四大技术措施,包括织网成片、正本清源、理水梳岸和寻水溯源。四大技术措施所针对的问题和侧重点各有不同,需要在分析城市河湖水环境的污染源、水质水量、排水系统等现状中存在的问题后,根据现状问题来采取相应的一项或多项技术措施,通常可按理水梳岸—正本清源—织网成片—寻水溯源的顺序实施。

四大技术措施是包含市政管网、建筑排水、管道清淤修复、补水、河道清淤、生态修复等工程的综合性方案,涉及到污染源调查、水质监测分析、排水体制选择、管材选型、交通疏解、低影响开发等基本技术方法。

1. 织网成片

织网成片是指在一定区域范围内,以建筑排水小区为源头,以污水处理厂或受纳水体为目的地,充分考虑已有排水系统的现状和区域内排水需要,通过有序开展新建、调整或修复各级排水管路,形成衔接合理、排放通畅的雨污水干支管网联通系统。

织网成片主要针对城市排水管网碎片化建设、各级排水系统不能合理衔接及过流不畅等问题,在开展城市已建排水管网现状调查和分析的基础上,提出排水管网系统完善设计方案和施工组织设计方案,确保"污水入厂、雨水入河",各级排水管网系统合理连通,形成完整有效的排水管网系统的技术。

2. 正本清源

正本清源是指在一定区域范围内,以产生排水来源的工业企业区、公共建筑小区、居住小区、城中村等为源头,以就近布设的排水系统为目的地,按照雨污分流原则,通过新建、调整或修复污水、雨水排水传输管路,形成衔接合理、排放通畅的雨污水分支管网系统。

正本清源主要针对城市建成区雨污混流、管网错接和污水乱排等问题,开展建筑排水小区排水用户内部雨水、污水管网系统调查和分析,提出工业企业区、公共建筑小区、居住小区和城中村等雨污分流排水系统设计方案,实施水污染从源头进行治理的技术。正本清源工程不同于片区雨污分流工程,其主要对象为区域内各建筑排水小区,重点在于从源头梳理错接乱排,通过三级、四级支管网的建设,实现源头收集。在原有雨污分流管网工程的基础上,沿现状支路及巷道敷设污水管,就近接入现状污水支干管系统、片区雨污分流干管系统,实现区域内污水全覆盖收集,最终形成完整的源头收集、毛细发达、主干通畅、终端接驳的污水收集管网系统。

3. 理水梳岸

理水梳岸是指在一定的河湖流域范围内,以城市排水管渠(涵)末端为起点,通过对该范围内水体的外源污染和内源污染调查分析,提出合理可行的治理措施。

理水梳岸主要针对城市河湖沿岸排水口、支流明渠、暗涵等污水入河和底泥污染问题,在开展河湖外源污染、内源污染及治理现状调查和分析的基础上,提出治理方案,确保污水纳管、清水入河和河流健康的技术,通过对"源、网、厂、河"进行流域统筹、系统治理,实现"污水进厂、清水入河、河流健康"。

4. 寻水溯源

寻水溯源是指以加强污染物扩散、净化和输出,提高水体自身纳污能力为出发点,全面梳理流域内径流、再生水、地下水、雨洪利用以及外流域调水等水资源利用情况,寻找多元化补水水源。生态补水是寻水溯源的一种主要措施,指在一定的河湖流域范围内,通过对城市河湖水环境、水生态、水资源及水环境治理现状调查分析,以满足河湖水质提升并达到一定的生态修复能力为目标,提出相应的补水措施。

生态补水主要针对河湖水环境容量、生态基流及水动力等不足问题,在开展城市河湖水环境、水生态、水资源及水环境治理调查和分析的基础上,提出城市河湖多源补水方案,改善水体水质,修复水生态系统,确保河湖给定的生态环境保护目标所对应的生态环境功能不丧失或正常发挥的技术。

在四大技术措施基础上,电建生态公司制定发布织网成片、正本清源、理水梳岸、生态补水 4 项专题报告编制指南,有效推广服务于东莞市石马河流域综合治理工程、龙岗龙观两河流域消黑工程、茅洲河正本清源工程、光明区全面消黑工程等项目实施,为开展水环境治理工程系统化顶层设计以及分阶段战略实施提供了标准化支撑。

第二节　城市河湖水环境治理工程织网成片专题报告编制指南

1. 编制背景

由于城市人口迅猛增加、经济快速增长、产业结构与工业布局不合理、工业污染源难以实现稳定达标排放、城市生活污染物处理率低、污染物排放超过环境容量等原因,导致我国较广泛地存在河湖水体污染、河湖景观和生态功能退化等问题。根据我国目前开展的水环境治理项目情况,多数城市由于城市排水管网碎片化建设、各级排水系统不能合理衔接及过流不畅等原因,导致城市广泛存在污水直排入河(湖)、污水处理厂进水水质和水量不稳定、污水收集率低、城市内涝等问题。在日益提高的环保标准下,实施雨污分流改造、提高污水收集率是摆在政府和企业面前的一个重要难题。

在此背景下,应分析研究我国雨污分流相关标准,了解现有标准对于工程活动开展的适用性,积极开展织网成片空缺标准的研究与制定,以进一步规范织网成片工程活动的开展与管理,促进各级排水管网系统合理连通,形成完整有效的排水管网系统,避免大量污水直排进入河道,提高和稳定收集的污染物浓度,也能稳定收集污水的水量。

为规范和保障城市织网成片活动科学、高效开展,全面提升我国城市织网成片治理效果和技术水平,引领技术创新,带动产业化发展,组织编制符合国内实际情况、科学合理、环保实用的织网成片专题报告编制指南十分有必要。

2. 编制目的

为规范城市河湖水环境治理工程织网成片专题报告的编制原则、工作内容和深度要求,电建生态公司发布实施企业技术标准《城市河湖水环境治理工程织网成片专题报告编制指南》Q/PWEG 022—2019。

3. 适用范围

本指南适用于城市河湖水环境治理工程初步设计阶段织网成片专题报告的编制。不同类型工程可根据其工程特点对本指南规定的编制内容有所取舍。

4. 主要内容

本指南主要包括总则、术语、基本规定、概述、区域概况、现状调查与分析、方案设计、施工组织设计、设计概算、结论与建议等章节内容。

第三节　城市河湖水环境治理工程正本清源专题报告编制指南

1. 编制背景

根据我国目前开展的水环境治理项目情况,多数城市由于缺乏统一用地规划、工业废水超标排放、企业偷排漏排、排污口设置混乱、建筑排水小区内部排水管网不健全、雨污合流等原因,导致城市广泛存在污水直排入河(湖)、污水处理厂进水水质和水量不稳定、污水收集率低、城市内涝、企业排水无法监管等问题。在日益提高的环保标准下,实施雨污分流改造,从源头收集污水是摆在政府和企业面前的一个重要难题。

为规范和保障城市正本清源活动科学、高效开展,全面提升我国城市正本清源治理效果和技术水平,引领技术创新,带动产业化发展,组织编制符合国内实际情况、科学合理、环保实用的正本清源专题报告编制指南是十分有必要的。

2. 编制目的

为规范城市河湖水环境治理工程正本清源专题报告编制原则、工作内容和深度要求,电建生态公司发布实施企业技术标准《城市河湖水环境治理工程正本清源专题报告编制指南》T/WEGU 0011—2020。

3. 适用范围

本指南适用于城市河湖水环境治理工程初步设计阶段正本清源专题报告的编制。不同类型的水环境治理工程可根据其工程特点对本指南规定的内容有所取舍。

4. 主要内容

本指南主要包括总则、术语、基本规定、概述、区域概况、现状调查与分析、方案设计、施工组织设计、设计概算、结论与建议等章节内容。

第四节　城市河湖水环境治理工程理水梳岸专题报告编制指南

1. 编制背景

根据我国目前开展水环境治理项目实践,控源截污是城市河湖水污染治理的首要环节。处于城市建成区的河湖水体周边常分布有工业区、居民区、养殖区等,两岸入河排水口数量多,情况复杂,是河湖外源污染的主要途径。沿岸垃圾倾倒,雨水径流冲刷导致的污染物输入并沉积于河底形成的内源污染也是引起河湖水质恶化的重要因素。因此,在实施城市河湖水环境治理时,需对河湖外源污染、内源污染以及治理现状情况进行全面的排查梳理,并制定治理方案,实现控制内外源污染,强化洁净雨水入河的目标。

为规范和保障理水梳岸工作科学、高效开展,控制内、外源污染和强化洁净雨水入河,有必要组织编制符合国内实际情况、科学合理、环保实用的城市河湖理水梳岸专题报告编制指南。

2. 编制目的

为规范城市河湖水环境治理工程理水梳岸专题报告的编制原则、工作内容和深度要求,电建生态公司发布实施企业技术标准《城市河湖水环境治理工程理水梳岸专题报告编制指南》Q/PWEG 024—2019。

3. 适用范围

本指南适用于城市河湖水环境治理工程初步设计阶段理水梳岸专题报告的编制。对于工程建设范围较小、建设内容相对单一的项目,专题报告编制可适当简化。

4. 主要内容

本指南主要包括总则、术语、基本规定、概述、区域概况、现状调查与分析、方案设计、施工组织设计、设计概算、结论与建议等章节内容。

第五节　城市河湖水环境治理工程生态补水专题报告编制指南

1. 编制背景

根据我国目前开展的水环境治理项目实践,实施控源截污措施后保持合理的生态基流和水动力是恢复河道水体自净能力的关键所在。国内众多城市的经验表明,在截污和污水处理工程截污率达到 90％及以上的情况下，如果没有通过补水增加水环境容量，水质都会恶化。而河道黑臭多出现在城市快速发展，经济社会供水和河湖生态环境需水矛盾较为突出的地区。因此合理协调、平衡河湖生态环境需水和经济社会供水，致力于实现河湖生态环境保护目标成为水环境治理亟须解决的问题。

为规范和保障河湖生态补水活动科学、高效开展，在节约水资源的前提下充分发挥生态补水对改善河湖生态环境质量的作用，非常有必要组织编制符合国内实际情况、科学合理、环保实用的生态补水专题报告编制指南。

2. 编制目的

为规范城市河湖水环境治理工程生态补水专题报告编制原则、工作内容和技术要求，电建生态公司发布实施企业技术标准《城市河湖水环境治理工程生态补水专题报告编制指南》Q/PWEG 025—2019。

3. 适用范围

本指南适用于编制城市河湖水环境治理工程可行性研究阶段生态补水专题报告。乡（镇）河湖水环境治理工程生态补水专题报告亦可按本指南执行。

4. 主要内容

本指南主要包括总则、术语、基本规定、概述、区域概况、现状调查与评价、污染负荷及用水亏缺量计算、方案设计、施工组织设计、投资估算、结论与建议等章节内容。

第十一章

水环境治理工程大兵团作战
项目管理模式实践

第一节　实施背景

河流作为城市的重要组成部分，不仅起到美化环境的作用，还影响着水体动植物的生存，同样制约着城市环境与居民生活水平和幸福感的提升。2015年4月26日国务院发布"水十条"前，我国城市水环境严重恶化，主要是由于人类活动频繁，又缺乏系统的、统一的规划，加上管理的缺失所造成的，主要表现为水资源管理与保护被条块分割、治污规划缺乏系统性和全面性、治污技术和管理措施效力不足等问题。城市水环境综合整治项目特点体现为需多政府部门联动合作，协同推进；需多功能维度全面统筹，系统规划；需多专业技术融合运用，长治久清。

城市水环境综合整治是一项涉及多部门、多行业、多专业的复杂系统工程，关联系统多，一般包括防洪治涝、管网建设、河道整治、环保清淤、污泥处理处置、水质改善、生态修复、景观构建等类型工程中的多项，且一般工期紧、任务重、工程条件复杂。传统单项EPC总承包组织机构多由项目主要成员、相关部门等组成，组织结构见图11-1所示。

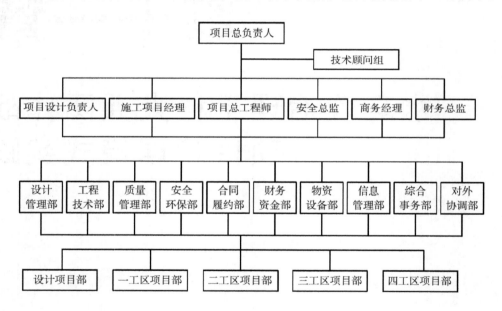

图 11-1　单项 EPC 总承包组织结构图

党的十八大把生态文明建设确立为国家战略，统筹推进"五位一体"总体布局，协调推进"四个全面"战略布局，大力推进生态文明建设，切实加大水污染防治力度，2015年4月国务院发布"水十条"。深圳市发布《深圳市治水提质工作计划（2015—2020年）》，全面打响治水攻坚战，提出要"让碧水和蓝天共同成为深圳亮丽的城市名片"，并积极探索寻找城市水环境治理新模式,努力开启治水新局面。根据适应项目特点的治理模式要求,在组织管理、规划设计、建设施工的各方需求下,通过在茅洲河治理实践,深圳市逐渐采用以地方政府为主导、以优势设计为引领、以大型央企为保障的"政府＋大 EPC＋大央企"的项目模式,有效适应当前我国城市水环境管理体制,满足城市水环境治理需求。

由于水环境综合整治项目存在点多、面广、线长、时间紧、任务重、工程条件复杂、施工干扰因素多、对接业主多等诸多不利因素,采用传统零打碎敲的"小 EPC"模式进行实施城市水环境治理,往往效果不佳。因此根据组织管理、规划设计、建设施工的各方需求下,采用以地方政府为主导、以优势设计为引领、以大型央企为保障的"政府＋大 EPC＋大央企"的项目模式(见图 11-2),即以一个专业技术平台公司为引领、带一个专业综合甲级设计院为龙头、集十多家专业施工成员企业为骨干、汇数十家专业地方合作企业为集群,坚持高质量履约、高标准建设工程项目模式,能够有效适应当前我国城市水环境管理体制,满足城市水环境治理需求。

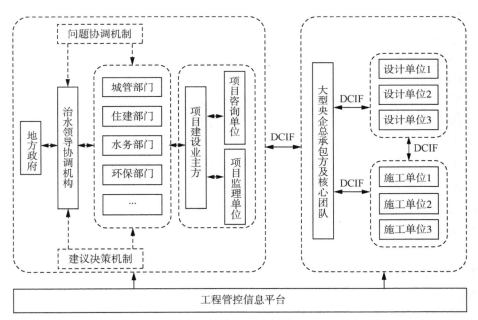

图注: DCIF——决策协调与互动反馈机制。其中, D为决策 (decision) , C为协调 (coordinate), I为互动 (interaction) : F为反馈 (feedback) 。

图 11-2 "政府＋大 EPC＋大央企"的项目管理模式

通过地方政府的主导和协调合作机制的建立,有效促进各政府部门之间的合作与沟通,形成目标明确、合作有力、管理高效的项目业主管理团队;通过大 EPC 模式将项目发包至大型央企组建的项目总承包方,以强大的核心技术团队和核心技术平台,充分发挥"E"的龙头优势,将系统、完整的规划设计理念和工作延伸至项目采购、施工等阶段,再以强大的建设施工能力为保障,将设计与施工进行有效衔接和不断优化,实现设计方案与实施方案的最优组合。"政府＋大 EPC＋大央企"的项目模式,既能大大减轻地方政府作为业主方的组织和管理工作量,又有利于工程项目投资控制,且能够对城市水环境治理预期目标的快速实现和长久保持提供更加有利的保障,能够有效保证项目质量、进度、投资、安全目标的全面实现。

第二节　项目管理模式实践

1. 项目概况

茅洲河流域属珠江口水系,跨深圳、东莞两市,位于深圳市西北部宝安区、光明新区、东莞市长安镇境内,发源于深圳市境内的羊台山北麓,下游与东莞市接合。茅洲河流域面积 388 km²,干流长 41.69 km,河涌 19 条,干支流河道总长 96.56 km。宝安区境内干流全长 19.71 km,下游河口段 11.4 km 为深圳市与东莞市界河,为感潮河段。

茅洲河是深圳市第一大河,也是深圳的母亲河。20 世纪 80 年代之前,茅洲河水清岸绿,鱼翔浅底,生机盎然,曾是两岸人民的生活饮用水源,哺育着两岸勤劳的人民。随着茅洲河流域社会经济的快速发展,工业经济的兴起,城市人口的急剧增加,沿线两岸工业废水、生活污水等直接排入河道,导致河道淤积严重,行洪能力急剧下降,水质显著恶化,水体发黑发臭,水生态环境遭受了严重破坏。据广东省环境监测中心和深圳市人居委 2016 年 1 月的监测结果显示,茅洲河干流和 15 条主要支流水质均为劣 V 类,流域处于严重污染状态,流域水生态环境亟须改善。茅洲河作为环保部、广东省重点督办的黑臭水体,水环境污染之严重,治理难度之大,备受社会各界关注。

2. 项目治理模式

茅洲河流域水环境治理工程投资规模大,时间紧、任务重、战线长、局面杂、工序难、协调多、要求高、监督严、社会关注度高,是一项复杂的、艰巨的、庞大的系统工程,要想取得治理实效,必须在建设工程项目管理模式方面进行大胆创新,寻求突破,努力为城市水环境整合治理闯出一条新路。茅洲河难治,除了先天不足(体现在该河属于雨源型河流,上游无足够水源补充,主要靠雨水增加容量)和后天"不良"(体现在流域内排水管网建设严重滞后、雨污混流现象普遍存在等)外,就是缺乏有效的治理模式。

为实现高效的项目管理,深圳市政府和中国电建科学谋划,根据深圳市现有的相关部门涉水管理职责,以及中国电建强大的治水优势,并考虑茅洲河水环境治理的复杂性、艰巨性、长久性,提出采用以地方政府为主导、以优势设计为引领、以大型央企为保障的"政府＋大 EPC＋大央企"的城市水环境综合整治项目治理模式,按"流域统筹、系统治理"实施茅洲河流域水环境综合整治项目。其治理模式总体路线见图 11-3。

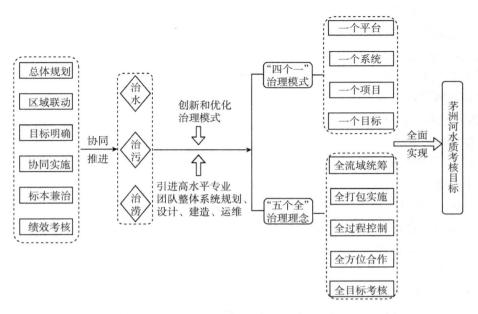

图 11-3　茅洲河流域水环境治理工程治理模式总体路线图

3. 政府在城市水环境综合整治"大 EPC"工程治水新模式中的创新管理

围绕项目的近远期目标,深圳市和宝安区两级政府创新管理、超常规、全流域、快节奏,强力推进茅洲河流域综合整治,充分发挥地方政府在城市水环境综合整治 EPC 工程中的主导作用。

（1）创新建设管理模式和协调机制

在组织领导上,深圳市和宝安区成立了市区两级治水提质指挥部,统筹协调管理;在项目管理上,除总承包单位外,地方政府还引进了项目管家、监理、造价咨询、检测监测单位,采取"1+1+4"管理模式（甲方+总承包单位+管家、监理、造价咨询、检测监测单位）,实行全程跟踪管理。为有效推进治水提质 EPC 项目的工程进度,保证项目建设和管理工作的高效廉洁,确保项目目标的实现,地方政府制定了治水提质 EPC 项目"提速增效"管理"1+7"工作机制。投资控制上,实行控投资规模、控建设规模、控支付额度、控最终规模、全过程控制"五控制"和由市水务主管部门进行技术"一把关",加强投资控制。

（2）创新责任体系

在茅洲河流域水环境治理方面地方政府严格落实"党政同责、一岗双责、失职追责"制度,抓紧补短板、还欠账、推整治。组建 17 个专项工作小组,由各部门"一把手"担任组长,强化"一把手"责任,实行包干责任制。由建设单位、施工单位、监理单位、项目管家等签署茅洲河流域水环境治理廉政共建承诺书,政企携手打造阳光廉政大平台。

（3）创新征地拆迁和监管执法

强化组织领导,成立四级征地拆迁及土地整备指挥部,由"一把手"挂帅;加强拆迁统筹,将茅洲河流域征地拆迁作为全区 26 个重点拆迁项目的重中之重,从全区抽调 73 名干部全脱产协助街道开展征地拆迁；大胆创新攻坚，逐一梳理各子项目，优化拆迁方案，减少拆迁面积；打破常规，按紧急项目、集体资产项目、个人项目分类分级推进。坚持源头把关，严格执行《茅洲河流域工业污染源限批导向》；出台《2015 年非法畜禽养殖场清理清拆工作方案》，清理整治流域内非法畜禽养殖场，并在开展小废水企业监管试点；实施流域综合监管，精心编制工作方案，在茅洲河流域全面实施正流清源、天网监控等专项行动；加快环境生态园建设，推动全区 330 家电镀线路板企业集中入园，着力打造涉重污染企业绿色发展转型示范区。

4. 大型央企在城市水环境综合整治大 EPC 工程治水新模式中的系统作战

中国电建基于"懂水熟电，善规划设计，长施工建造，能投资运营"的技术优势，在茅洲河流域水环境综合整治项目中，坚持流域统筹，系统治理，以"大兵团作战"思路，集中各子公司的优势资源，采取集团式项目管理新模式开展治水攻坚的系统作战。

（1）坚持流域统筹，系统治理，从全局高度顶层设计，做好大 EPC 中的大"E"，系统谋划治水方略

传统的 EPC 中的"E"主要指具体的设计工作，而"政府＋大 EPC＋大央企"的项目治理模式中的"E"包含的工作范围更广，对"E"的要求更高，主要包括全流域治理目标统筹策划、各建设工程项目总体策划、综合规划、实施策划、组织管理以及具体工程项目的勘测设计工作。电建生态公司坚持从流域治理出发，从全局高度顶层设计，提交治理方案，提出治理建议，提供治理技术，提高了工程实施的系统性、综合性和可操作性，推动了茅洲河流域水环境综合整治工程整体实施，设计采用"一个平台、一个目标、一个系统、一个项目、三个工程包"和"全流域统筹、全打包实施、全过程控制、全方位合作、全目标考核"的创新治理模式，提出"一个方案、三地联动、五位一体、七类工程"的总体解决方案，系统谋划治水方略。

在无流域水环境治理成功经验可借鉴的情况下，电建生态公司面对水环境治理行业技术体系尚未形成和管理模式已不能满足当前水环境治理需要的现状，通过"实践—认识—再实践—再认识"过程，坚持一切从茅洲河的实际出发，深入剖析水环境治理的痛点和盲点，坚持理念创新和模式创新，走出了一条适合茅洲河治理的道路。电建生态公司坚持"规划先行"和"技术引领"思路，强化"E"的技术含量，采用"政府＋大 EPC＋大央企"的城市水环境整治项目治理模式，着眼于解决水环境治理中的系统性、根本性问题，提供一揽子城市水环境治理方案；构建了具有先进性和竞争优势的"六大技术系统"，提出"织网成片、正本清源、理水梳岸、生态补水"四条实施路线，完善了水环境治理治理技术体系，构建了水环境治理技术标准体系，制定了一批水环境治理领域空白的标准，有效地指导了水环境治理工程实践活动的开展，奠定了公司在水环境治理领域的技术优势。

电建生态公司基于茅洲河水环境治理工程实践，构建了科学、合理、可持续发展的水环境治理技术标准体系，并首次提出了较为全面的水环境治理技术标准清单，形成一套自成体系的水环境治理技术标准体系成果。其中，构建完成了"水环境治理工程勘测设计标准子体系"，彰显了公司在水环境治理工程技术标准领域顶层设计的能力，对公司的

品牌创建和行业引领具有重要意义；形成了"河湖内源污染治理技术标准子体系"，并有力支撑了河湖污染底泥从前端清淤、中端处理、后端处置全生命周期技术活动，逐步确立了公司在河湖内源污染治理领域的优势地位；制定发布的织网成片、正本清源、理水梳岸、生态补水 4 项专题报告编制指南，有效服务于东莞市石马河流域综合治理工程、龙岗龙观两河流域消黑工程、茅洲河正本清源工程、光明区全面消黑工程等项目实施，为公司开展水环境治理工程系统化顶层设计以及分阶段战略实施提供了标准化支撑指导；发布实施的《河湖污泥清淤与处理工程消耗量定额》《河湖污泥清淤与处理工程施工机械台班费用定额》《河湖污泥清淤与处理工程计价规则》定额标准，有效指导了河湖污泥清淤与处理工程开展，解决了水环境治理工程河湖污泥清淤与处理工程计量、计价问题，为茅洲河项目概预算编制及今后类似工程有效控制投资提供了依据，填补了我国河湖污泥清淤与处理工程计价依据的缺失。水环境治理技术标准体系和相关标准规范制定，为水环境治理目标的实现提供了强有力的支撑。

（2）实施集团化管理和"大兵团作战"建设管控模式，确保战略精准，战术有效

电建生态公司以集团化优势协同推进，发挥规划、设计、施工、管理协调一体化优势，站在流域全局，立足系统治理，实施全方位、全过程统一管理。以目标为引领协同实施，将流域综合整治系统化为一个整体项目，涉及的宝安、光明、东莞三地各自系统化为单独的区域子系统，把不同河道河段、不同区域管网等系统化为独立的作战单元，在时间紧、任务重、战线长、作战点多的复杂局面下，明确相应的责任主体和管控体系，统筹设计、施工管理，统一行动步骤，推动织网成片、理水梳岸、正本清源、生态补水等技术方案的协同推进。以综合管控平台协同管控，量身打造了系统治理的信息化综合管理平台，实现了工程进度管理协调标准系统化、人员网格管理系统化、物资设备调度管理系统化、质量监督管理系统化、安全监督管理系统化的综合目标。

在"大兵团作战"模式实施过程中，电建生态公司组织中国电建下属的 20 多家设计、施工、科研、装备企业的 3 000 多名管理人员和累积组织近 30 000 名施工人员，跑步进场，快速打响攻坚战，在茅洲河全流域先后成功组织了"百日大会战""治水提质百日攻坚战""2017·1130 冲刺大决战"，高效有序推进了整个工程建设。"大兵团会战"模式曾创下单日铺设 4.18 km、单周铺设 24.1 km 管网的纪录，跑出了管网建设的"深圳速度"。"大兵团协同作战"的管控模式架构示意见图 11-4。

第三节　实施效果

城市水环境综合整治项目涉及多部门、多行业、多专业，问题复杂、治理难度大，采用传统零打碎敲的小 EPC 模式进行实施城市水环境治理，往往效果不佳。通过对城市水环境综合整治项目特点分析，提出了能适应城市水环境综合整治项目特点要求的"政府＋

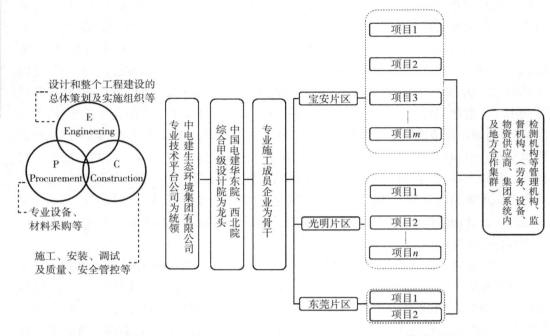

图 11-4　茅洲河水环境治理工程"大兵团协同作战"的管控模式架构示意图

大 EPC＋大央企"的城市水环境整合整治项目治理模式,并将其成功应用于全国最大的城市水环境整合整治项目—深圳茅洲河水环境综合整治项目。电建生态公司通过采用"政府＋大 EPC＋大央企"的城市水环境整合整治项目治理模式,充分发挥水环境治理技术体系和技术标准体系对工程实践的指导和支撑作用,坚持政府主导,密切协同参建各方,有序互动,互促共进;按政府要求,主动作为,肩负起大 EPC 的主体责任,落实统一指挥,发挥设计施工一体化优势,实施大兵团作战,为深圳市治水提质贡献了中国电建智慧和力量。

截至 2017 年底,环保部对茅洲河水质检测结果显示,茅洲河共和村、燕川、洋涌河大桥三个断面的氨氮指标已达到不黑不臭标准,分别同比下降 84％、77％、55％,顺利通过了 2017 年首次国家环保大考。2019 年 11 月 5 日监测结果显示,茅洲河下游共和村国考断面氨氮、总磷相比 2015 年分别下降 96.78％和 88.92％,提前两个月达地表水 V 类标准,图 11-5 为共和村断面 2016 年—2022 年水体氨氮、总磷浓度变化;2020 年至今基本维持地表水 IV 类水质标准状态,水质目标全面达成,实现了水清、岸绿、景美,探索出一条人与自然和谐共生、流域经济高质量发展的新路径。茅洲河已旧貌换新颜,从曾经的劣 V 类水质,到实现"全域雨污分流、全域消除黑臭"和"明暗渠全河段达标、干支流全流域达标、晴雨天全天候达标",成功解决了困扰多年的茅洲河水污染问题,重现了茅洲河碧水蓝天、岸绿景美、鱼翔浅底的良好生态,图 11-6 为茅洲河洋涌大桥段治理前后对比图。

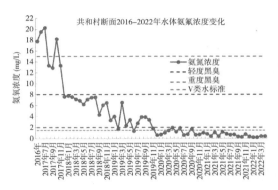
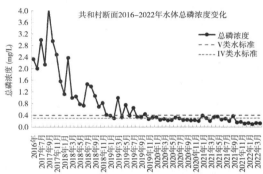

图 11-5 共和村断面 2016 年—2022 年水体氨氮、总磷浓度变化图

图 11-6 茅洲河洋涌大桥段治理前后对比图

茅洲河水环境治理过程是我们对水环境治理行业不断认识、不断实践的过程,经历了感性认识到理性认识,再从理性认识到形成中国电建特色水环境治理理论的过程,并在不断的实践中发展我们的认识。通过茅洲河水环境治理项目实践,我们形成了一套可复制可推广的成功经验,茅洲河项目顺利通过国家环保大考,治理模式推广到全国各地,得到了政府的广泛认可和一致信任。电建生态公司依靠先进的治水理念和模式,中标石马河流域水环境综合整治、龙岗龙观两河流域消除黑臭及河流水质保障项目,广州市白云、天河、黄浦等区域等黑臭水体治理项目等多个项目。在水环境治理领域取得了丰富的工作经验,治理成效显著,多次获得各级政府的好评,目前广深两地水环境总体情况大为好转,为多地治水提质行动贡献了中电建的智慧和力量。

工程实践表明,"政府＋大 EPC＋大央企"的城市水环境整合整治项目治理模式,既能大大减轻地方政府作为业主方的组织和管理工作量,又有利于工程项目投资控制,能够对城市水环境治理预期目标的快速实现和长久保持提供更加有利的保障,能够有效保证项目质量、进度、投资、安全目标的全面实现,是一种很好的可复制、可推广的建设工程项目采购模式,可推广到全国城市水环境综合整治中去,为国家生态文明建设做出积极贡献。

后记

　　中电建生态环境集团有限公司坚定贯彻落实习近平新时代治水思路和生态文明思想，创造性开展水环境治理技术标准体系理论研究及实践创新工作，以服务市场开拓和品牌建设为根本，以水环境治理行业引领为目标，创新性提出"流域统筹、系统治理"治水理念，积极响应国家和中电建集团公司有关标准化建设的各项政策和管理文件要求，加快推进技术标准化管理体系建设，加强公司技术标准管理工作，不断推进行业紧缺、工程亟须和重要专业领域的技术标准制定工作，促进公司技术进步与科学管理，提高产品质量与经济效益。相关标准化工作取得了丰富成果，有力地支持了公司项目履约和市场开拓，为创建电建水环境品牌作出了积极贡献。

　　水环境治理技术标准体系建设是一个循环往复、持续不断的过程，同时也是一个螺旋上升的过程。随着我们对体系建设认识的深入，结合公司新业务的开展，不断积累和丰富水环境治理工程实践，我们将持续完善水环境治理技术标准体系，重点围绕水环境治理、生物天然气、土壤修复、生态城市、绿色砂石等领域开展紧缺企业技术标准制定；借助国家推进团体标准建设的东风，积极开展团体标准制定工作，扩大水环境治理技术标准体系的应用性和影响力；结合地方政府各级标准化主管部门建设地方标准的工作开展，采取逐步向地方标准推广和升级的发展策略，促推企业水环境治理技术标准向地方标准转化；针对水环境治理领域所涉及的水利、住建、环保等部门的技术标准缺口，关注其标准建设需求征集，争取企业技术标准向国家标准、行业标准的升级转化。

　　在本书编辑和审校过程中，得到了中电建集团领导和广东省、深圳市、东莞市等各级政府部门的支持，得到了公司相关部门的大力支持。编辑同志精心审校，对本书提出了宝贵的建议，内容得到了显著改善。在此，谨对所有给予本书帮助和支持的单位和同志再次表示衷心的感谢！

　　由于时间仓促，书中仍难免有疏漏和错误之处，敬请广大读者对本书提出意见和建议。

编者于深圳
2022.8

附录一:标准体系表(部分)

水环境治理技术标准体系各层次技术标准统计表

标准体系层次	标准类别		有效	在编	拟编	标准体系层次	标准类别		有效	在编	拟编
T 通用及基础标准	T01	通用	14	0	7	J 土建	J08	生态修复建(构)筑物	1	0	8
	T02	计量	0	0	2		J09	景观构建建(构)筑物	7	0	0
	T03	安全与应急	6	0	16		J10	交通工程	5	0	1
	T04	环保水保	37	2	6		J11	其他工程	2	0	9
	T05	节能	0	0	3		J	小计	71	1	44
	T06	用地及拆迁	0	0	2	Z 装备	Z01	综合	0	0	2
	T07	技术经济	5	7	22		Z02	防洪设备	1	0	5
	T08	监督管理验收	0	0	5		Z03	治涝设备	5	0	5
	T09	档案	0	0	9		Z04	外源治理设备	4	0	5
	T10	信息化	0	0	6		Z05	内源治理设备	7	0	15
	T	小计	62	9	78		Z06	水力调控设备	0	0	5
G 工程综合及管理	G01	工程技术综合	1	0	4		Z07	水质改善设备	5	0	7
	G02	工程规划设计	50	5	30		Z08	生态修复设备	0	0	5
	G03	工程建设管理与验收	11	0	20		Z09	景观构建设备	0	0	6
	G04	工程监测与运行	21	1	16		Z10	监测系统设备	0	0	9
	G05	工程退役与拆除	0	0	2		Z11	电气系统设备	0	0	4
	G	小计	83	6	72		Z12	控制保护和通信设备	0	0	4
J 土建	J01	综合	9	0	8		Z13	消防设备	3	0	3
	J02	防洪建(构)筑物	19	0	5		Z14	其他辅助设备	0	0	4
	J03	治涝建(构)筑物	5	0	2		Z	小计	25	0	79
	J04	外源治理建(构)筑物	21	1	3	C 材料与产品	C01	材料	12	0	3
	J05	内源治理建(构)筑物	2	0	3		C02	产品	0	0	4
	J06	水力调控建(构)筑物	0	0	2		C	小计	12	0	7
	J07	水质改善建(构)筑物	0	0	3	合计		549	253	16	280

水环境治理技术标准清单

T 通用及基础标准

序号	标准体系表编号	标准名称	标准编号	编制状态	标准级别	备注
	T01	通用				
1	T01—1	水环境治理工程基本术语和符号标准		拟编	企业标准	
2	T01—2	水文基本术语和符号标准	GB/T 50095—2014	有效	国家标准	
3	T01—3	水利水电工程技术术语	SL 26—2012	有效	行业标准	
4	T01—4	给水排水工程基本术语标准	GB/T 50125—2010	有效	国家标准	
5	T01—5	风景园林基本术语标准	CJJ/T 91—2017	有效	行业标准	
6	T01—6	水环境治理工程标识系统编码标准		拟编	企业标准	
7	T01—7	水环境治理工程图形标准		拟编	企业标准	
8	T01—8	水环境治理工程制图标准 1 基础制图		拟编	企业标准	
9	T01—9	水环境治理工程制图标准 2 构筑物		拟编	企业标准	
10	T01—10	水环境治理工程制图标准 3 岩土工程		拟编	企业标准	
11	T01—11	水环境治理工程制图标准 4 生态景观		拟编	企业标准	
12	T01—12	水利水电工程制图标准 基础制图	SL 73.1—2013	有效	行业标准	
13	T01—13	水利水电工程制图标准 水工建筑图	SL 73.2—2013	有效	行业标准	
14	T01—14	水利水电工程制图标准 勘测图	SL 73.3—2013	有效	行业标准	
15	T01—15	水利水电工程制图标准 水力机械图	SL 73.4—2013	有效	行业标准	
16	T01—16	水利水电工程制图标准 电气图	SL 73.5—2013	有效	行业标准	
17	T01—17	水利水电工程制图标准 水土保持图	SL 73.6—2015	有效	行业标准	
18	T01—18	建筑给水排水制图标准	GB/T 50106—2010	有效	国家标准	
19	T01—19	道路工程制图标准	GB 50162—1992	有效	国家标准	
20	T01—20	风景园林制图标准	CJJ/T 67—2015	有效	行业标准	
21	T01—21	风景园林标志标准	CJJ/T 171—2012	有效	行业标准	
	T02	计量				

序号	标准体系表编号	标准名称	标准编号	编制状态	标准级别	备注
22	T02—1	水环境治理工程计量技术导则		拟编	企业标准	
23	T02—2	水环境治理工程常用仪器校验方法		拟编	企业标准	
	T03	安全与应急				
	T03.1	安全设计				
24	T03.1—1	水环境治理工程劳动安全与工业卫生设计规范		拟编	企业标准	
25	T03.1—2	水环境治理工程安全标识设置设计规范		拟编	企业标准	
26	T03.1—3	水环境治理工程安全防护设施设计规范		拟编	企业标准	
	T03.2	安全评价及验收				
27	T03.2—1	水环境治理工程安全预评价报告编制规程		拟编	企业标准	
28	T03.2—2	水环境治理工程安全评价规程		拟编	企业标准	
29	T03.2—3	堤防工程安全评价导则	SL/Z 679—2015	有效	行业标准	
30	T03.2—4	水闸安全评价导则	SL 214—2015	有效	行业标准	
31	T03.2—5	泵站安全鉴定规程	SL 316—2015	有效	行业标准	
	T03.3	安全管理				
32	T03.3—1	水环境治理工程安全工作规程		拟编	企业标准	
33	T03.3—2	水环境治理工程施工重大危险源辨识及评价导则		拟编	企业标准	
34	T03.3—3	水环境治理工程施工安全监测技术规范		拟编	企业标准	
35	T03.3—4	水环境治理工程施工安全生产应急能力评估导则		拟编	企业标准	
36	T03.3—5	水环境治理工程施工安全技术规程 1 通用		拟编	企业标准	
37	T03.3—6	水环境治理工程施工安全技术规程 2 管网施工		拟编	企业标准	
38	T03.3—7	水环境治理工程施工安全技术规程 3 河道整治施工		拟编	企业标准	
39	T03.3—8	水环境治理工程施工安全技术规程 4 水上作业		拟编	企业标准	

序号	标准体系表编号	标准名称	标准编号	编制状态	标准级别	备注
40	T03.3—9	水环境治理工程施工安全技术规程 5 机械作业		拟编	企业标准	
	T03.4	应急管理				
41	T03.4—1	城市防洪应急预案编制导则	SL 754—2017	有效	行业标准	
42	T03.4—2	水环境治理工程安全应急预案编制规程		拟编	企业标准	
	T03.5	风险管理				
43	T03.5—1	水环境治理工程风险管理规程		拟编	企业标准	
44	T03.5—2	防洪风险评价导则	SL 602—2013	有效	行业标准	
45	T03.5—3	生态风险评价导则	SL/Z 467—2009	有效	行业标准	
	T04	环保水保				
	T04.1	环境保护				
46	T04.1—1	水功能区划分标准	GB/T 50594—2010	有效	国家标准	
47	T04.1—2	地表水环境质量标准	GB 3838—2002	有效	国家标准	
48	T04.1—3	地下水质量标准	GB/T 14848—1993	有效	国家标准	
49	T04.1—4	海水水质标准	GB 3097—1997	有效	国家标准	
50	T04.1—5	农田灌溉水质标准	GB 5084—2005	有效	国家标准	
51	T04.1—6	渔业水质标准	GB 11607—1989	有效	国家标准	
52	T04.1—7	生活饮用水卫生标准	GB 5749—2006	有效	国家标准	
53	T04.1—8	城镇污水处理厂污染物排放标准	GB 18918—2002	有效	国家标准	
54	T04.1—9	污水综合排放标准	GB 8978—1996	有效	国家标准	
55	T04.1—10	城市污水再生利用 景观环境用水水质	GB/T 18921—2002	有效	国家标准	
56	T04.1—11	土壤环境质量 农用地土壤污染风险管控标准(试行)	GB 15618—2018	有效	国家标准	
57	T04.1—12	土壤环境质量 建设用地土壤污染风险管控标准(试行)	GB 36600—2018	有效	国家标准	
58	T04.1—13	河湖底泥分类分级标准	Q/PWEG 017—2019	有效	企业标准	
59	T04.1—14	城市河湖污泥处理厂余土处置标准	Q/PWEG 005—2016	有效	企业标准	
60	T04.1—15	城市河湖污泥处理厂余水排放标准	Q/PWEG 006—2016	有效	企业标准	

序号	标准体系表编号	标准名称	标准编号	编制状态	标准级别	备注
61	T04.1—16	城市河湖污泥处理厂余沙处置标准	Q/PWEG 007—2016	有效	企业标准	
62	T04.1—17	城市河湖污泥处理厂垃圾处置标准	Q/PWEG 008—2016	有效	企业标准	
63	T04.1—18	城市河湖污泥处理厂余土检测技术规范	Q/PWEG 021—2019	有效	企业标准	
64	T04.1—19	水环境治理底泥钝化和固化浸出标准		拟编	企业标准	
65	T04.1—20	城镇污水处理厂污泥泥质	GB/T 24188—2009	有效	国家标准	
66	T04.1—21	城镇污水处理厂污泥处置 分类	GB/T 23484—2009	有效	国家标准	
67	T04.1—22	城镇污水处理厂污泥处置 园林绿化用泥质	GB/T 23486—2009	有效	国家标准	
68	T04.1—23	城镇污水处理厂污泥处置 土地改良用泥质	GB/T 24600—2009	有效	国家标准	
69	T04.1—24	城镇污水处理厂污泥处置 混合填埋用泥质	GB/T 23485—2009	有效	国家标准	
70	T04.1—25	城镇污水处理厂污泥处置 制砖用泥质	GB/T 25031—2010	有效	国家标准	
71	T04.1—26	城镇污水处理厂污泥处置 单独焚烧用泥质	GB/T 24602—2009	有效	国家标准	
72	T04.1—27	城镇污水处理厂污泥处置 林地用泥质	CJ/T 362—2011	有效	行业标准	
73	T04.1—28	城镇污水处理厂污泥处置 农用泥质	CJ/T 309—2009	有效	行业标准	
74	T04.1—29	城镇污水处理厂污泥处置 水泥熟料生产用泥质	CJ/T 314—2009	有效	行业标准	
75	T04.1—30	城市污水处理厂污泥检验方法	CJ/T 221—2005	有效	行业标准	
76	T04.1—31	黑臭水体污染物分析检测方法		拟编	企业标准	
77	T04.1—32	环境影响评价技术导则 总纲	HJ 2.1—2011	有效	行业标准	
78	T04.1—33	环境影响评价技术导则 地表水环境	HJ 2.3—2018	有效	行业标准	
79	T04.1—34	环境影响评价技术导则 地下水环境	HJ 610—2016	有效	行业标准	
80	T04.1—35	环境影响评价技术导则 生态影响	HJ 19—2011	有效	行业标准	
81	T04.1—36	水环境治理黑臭水体分级及评价标准		拟编	企业标准	

水环境治理技术标准：理论与实践

序号	标准体系表编号	标准名称	标准编号	编制状态	标准级别	备注
82	T04.1—37	水环境评价技术规范		在编	企业标准	
83	T04.1—38	水环境治理高效微生物选育培养和性能测试技术规范		拟编	企业标准	
84	T04.1—39	水环境治理菌群构建及菌群结构分析方法		拟编	企业标准	
85	T04.1—40	河湖健康评估技术导则	SL XXXX—201X	在编	行业标准	
86	T04.1—41	水环境治理工程环境影响后评价导则		拟编	企业标准	
	T04.2	水土保持				
87	T04.2—1	水土保持术语	GB/T 20465—2006	有效	国家标准	
88	T04.2—2	水土保持综合治理 效益计算方法	GB/T 15774—2008	有效	国家标准	
89	T04.2—3	水土保持试验规程	SL 419—2007	有效	行业标准	
90	T04.2—4	水土保持综合治理 验收规范	GB/T 15773—2008	有效	国家标准	
	T05	节能				
91	T05—1	水环境治理工程节能技术通则		拟编	企业标准	
92	T05—2	水环境治理工程节能验收技术规范		拟编	企业标准	
93	T05—3	水环境治理工程节能运行与管理技术规范		拟编	企业标准	
	T06	用地及拆迁				
94	T06—1	水环境治理工程征地拆迁技术通则		拟编	企业标准	
95	T06—2	水环境治理工程征地拆迁管理控制标准		拟编	企业标准	
	T07	技术经济				
	T07.1	编制规定				
96	T07.1—1	城市河湖水环境治理工程投资估算编制规定		在编	企业标准	
97	T07.1—2	城市河湖水环境治理工程设计概算编制规定		在编	企业标准	
98	T07.1—3	水环境治理工程建设用地补偿安置概（估）算编制规范		拟编	企业标准	
99	T07.1—4	河湖污泥清淤与处理工程计价规则	Q/PWEG 014—2017	有效	企业标准	

序号	标准体系表编号	标准名称	标准编号	编制状态	标准级别	备注
100	T07.1—5	水环境治理工程分标概算编制规定		拟编	企业标准	
101	T07.1—6	水环境治理工程招标设计概算编制规定		拟编	企业标准	
102	T07.1—7	水环境治理工程执行概算编制规定		拟编	企业标准	
103	T07.1—8	水环境治理工程调整概算编制规定		拟编	企业标准	
104	T07.1—9	水环境治理工程竣工决算报告编制规定		拟编	企业标准	
105	T07.1—10	水环境治理工程检修费用编制规定		拟编	企业标准	
106	T07.1—11	水环境治理工程工程量计算规范		拟编	企业标准	
107	T07.1—12	建设工程工程量清单计价规范	GB 50500—2013	有效	国家标准	
	T07.2	定额标准				
108	T07.2—1	河湖污泥清淤与处理工程消耗量定额　通用	Q/PWEG 012—2017	有效	企业标准	
109	T07.2—2	城市河湖水环境治理工程消耗量定额　道路工程		在编	企业标准	
110	T07.2—3	城市河湖水环境治理工程消耗量定额　桥涵工程		在编	企业标准	
111	T07.2—4	城市河湖水环境治理工程消耗量定额　管网工程		在编	企业标准	
112	T07.2—5	城市河湖水环境治理工程消耗量定额　地下结构工程		拟编	企业标准	
113	T07.2—6	城市河湖水环境治理工程消耗量定额　水处理工程		拟编	企业标准	
114	T07.2—7	城市河湖水环境治理工程消耗量定额　垃圾处理工程		拟编	企业标准	
115	T07.2—8	城市河湖水环境治理工程消耗量定额　清淤工程		拟编	企业标准	
116	T07.2—9	城市河湖水环境治理工程消耗量定额　污泥处理工程		拟编	企业标准	
117	T07.2—10	城市河湖水环境治理工程消耗量定额　调蓄补水工程		拟编	企业标准	
118	T07.2—11	城市河湖水环境治理工程消耗量定额　水生态修复工程		拟编	企业标准	

序号	标准体系表编号	标准名称	标准编号	编制状态	标准级别	备注
119	T07.2—12	城市河湖水环境治理工程消耗量定额 园林绿化景观工程		拟编	企业标准	
120	T07.2—13	城市河湖水环境治理工程消耗量定额 通信工程		拟编	企业标准	
121	T07.2—14	城市河湖水环境治理工程消耗量定额 设备安装工程		拟编	企业标准	
122	T07.2—15	水环境治理工程检修定额		拟编	企业标准	
123	T07.2—16	河湖污泥清淤与处理工程施工机械台班费用定额	Q/PWEG 013—2017	有效	企业标准	
124	T07.2—17	城市河湖水环境治理工程费用构成及概(估)算费用标准		在编	企业标准	
125	T07.2—18	水环境治理工程投资估算指标		拟编	企业标准	
126	T07.2—19	水环境治理工程概算指标		拟编	企业标准	
127	T07.2—20	城市河湖水环境治理工程勘察设计费计算标准		在编	企业标准	
128	T07.2—21	城市暗涵、暗渠、暗河探查费计算标准	Q/PWEG 026—2019	有效	企业标准	
	T07.3	经济评价				
129	T07.3—1	水环境治理工程经济评价规范		拟编	企业标准	
	T08	监督管理验收				
130	T08—1	水环境治理工程建设管理标准		拟编	企业标准	
131	T08—2	水环境治理工程建设及验收管理办法		拟编	企业标准	
132	T08—3	水环境治理工程技术监督管理规程		拟编	企业标准	
133	T08—4	水环境治理工程质量监督管理规程		拟编	企业标准	
134	T08—5	水环境治理工程安全监督管理规程		拟编	企业标准	
	T09	档案				
	T09.1	综合				
135	T09.1—1	水环境治理工程档案分类导则		拟编	企业标准	

序号	标准体系表编号	标准名称	标准编号	编制状态	标准级别	备注
136	T09.1—2	水环境治理工程档案专项验收规程		拟编	企业标准	
137	T09.1—3	水环境治理工程档案信息化规范		拟编	企业标准	
	T09.2	收集与整理				
138	T09.2—1	水环境治理工程项目编号及产品文件管理规定		拟编	企业标准	
139	T09.2—2	水环境治理工程竣工图文件编制规程		拟编	企业标准	
140	T09.2—3	水环境治理工程声像档案收集与整理规范		拟编	企业标准	
141	T09.2—4	水环境治理工程文件收集与档案整理规范		拟编	企业标准	
142	T09.2—5	水环境治理工程生产运行文件收集与档案整理规范		拟编	企业标准	
	T09.3	保管与利用				
143	T09.3—1	水环境治理工程档案鉴定销毁管理规程		拟编	企业标准	
	T10	信息化				
144	T10—1	水环境治理信息化技术通则		拟编	企业标准	
145	T10—2	水环境治理工程数据库表结构及标识符		拟编	企业标准	
146	T10—3	水环境治理工程监测数据库表结构及标识符标准		拟编	企业标准	
147	T10—4	水环境治理工程基础信息采集规范		拟编	企业标准	
148	T10—5	水环境治理工程设计信息模型数据描述规程		拟编	企业标准	
149	T10—6	水环境治理工程数字区域基础地理信息系统技术规范		拟编	企业标准	

G 工程综合及管理

序号	标准体系表编号	标准名称	标准编号	编制状态	标准级别	备注
	G01	工程技术综合				
150	G01—1	水环境治理工程建设规范		拟编	企业标准	
151	G01—2	城市河湖污泥处理厂建设标准	Q/PWEG 004—2016	有效	企业标准	
152	G01—3	水环境治理工程工程量计算规范		拟编	企业标准	
153	G01—4	水环境治理工程安全监测技术规范		拟编	企业标准	
154	G01—5	水环境治理工程施工与验收规范		拟编	企业标准	
	G02	工程规划设计				
	G02.1	综合				
155	G02.1—1	城市河湖水环境治理工程设计阶段划分及工作规定	Q/PWEG 002—2016	有效	企业标准	
156	G02.1—2	城市河湖水环境治理综合规划设计编制规程	Q/PWEG 003—2016	有效	企业标准	
157	G02.1—3	县域城乡河湖水环境治理工程综合规划设计编制规程		在编	企业标准	
158	G02.1—4	水资源保护规划编制规程	SL 613—2013	有效	行业标准	
159	G02.1—5	水资源规划规范	GB/T 51051—2014	有效	国家标准	
160	G02.1—6	城市水系规划导则	SL 431—2008	有效	行业标准	
161	G02.1—7	防洪规划编制规程	SL 669—2014	有效	行业标准	
162	G02.1—8	河湖生态修复与保护规划编制导则	SL 709—2015	有效	行业标准	
163	G02.1—9	城市给水工程规划规范	GB 50282—2016	有效	国家标准	
164	G02.1—10	城市排水工程规划规范	GB 50318—2017	有效	国家标准	
165	G02.1—11	城市工程管线综合规划规范	GB 50289—2016	有效	国家标准	
166	G02.1—12	城市河湖水环境治理工程可行性研究报告编制规程	Q/PWEG 009—2017	有效	企业标准	
167	G02.1—13	县域城乡河湖水环境治理工程可行性研究报告编制规程		在编	企业标准	
168	G02.1—14	城市河湖水环境治理工程初步设计报告编制规程	Q/PWEG 015—2018	有效	企业标准	
169	G02.1—15	县域城乡河湖水环境治理工程初步设计报告编制规程		在编	企业标准	

序号	标准体系表编号	标准名称	标准编号	编制状态	标准级别	备注
170	G02.1—16	城市河湖水环境治理工程织网成片专题报告编制指南	Q/PWEG 022—2019	有效	企业标准	
171	G02.1—17	城市河湖水环境治理工程正本清源专题报告编制指南	Q/PWEG 023—2019	有效	企业标准	
172	G02.1—18	城市河湖水环境治理工程理水梳岸专题报告编制指南	Q/PWEG 024—2019	有效	企业标准	
173	G02.1—19	城市河湖水环境治理工程生态补水专题报告编制指南	Q/PWEG 025—2019	有效	企业标准	
174	G02.1—20	调水工程设计导则	SL 430—2008	有效	行业标准	
175	G02.1—21	城市居民生活用水用量标准	GB/T 50331—2002	有效	国家标准	
176	G02.1—22	防洪标准	GB 50201—2014	有效	国家标准	
177	G02.1—23	水利水电工程等级划分及洪水标准	SL 252—2017	有效	行业标准	
178	G02.1—24	治涝标准	SL 723—2016	有效	行业标准	
179	G02.1—25	建筑工程抗震设防分类标准	GB 50223—2008	有效	国家标准	
	G02.2	水信息				
180	G02.2—1	水资源调查评价规范		拟编	企业标准	
181	G02.2—2	水环境调查规范		拟编	企业标准	
182	G02.2—3	水利水电工程水文计算规范	SL 278—2002	有效	行业标准	
183	G02.2—4	水利水电工程设计洪水计算规范	SL 44—2006	有效	行业标准	
184	G02.2—5	水域纳污能力计算规程	GB/T 25173—2010	有效	国家标准	
185	G02.2—6	水环境治理工程污染源调查规范		拟编	企业标准	
186	G02.2—7	水环境治理工程水环境模拟计算规范		拟编	企业标准	
187	G02.2—8	河湖生态环境需水计算规范	SL/Z 712—2014	有效	行业标准	
188	G02.2—9	河湖健康评估技术导则	SL xxx—201X	在编	行业标准	
189	G02.2—10	水环境治理工程智慧水务自动测报系统设计规范		拟编	企业标准	
	G02.3	规划				
190	G02.3—1	水利工程水利计算规范	SL 104—2015	有效	行业标准	
191	G02.3—2	水资源供需预测分析技术规范	SL 429—2008	有效	行业标准	
	G02.4	工程勘察				

序号	标准体系表编号	标准名称	标准编号	编制状态	标准级别	备注
	G02.4.1	勘察综合				
192	G02.4.1—1	水环境治理工程勘察规范		拟编	企业标准	
193	G02.4.1—2	水利水电工程地质勘察规范	GB 50487—2008	有效	国家标准	
194	G02.4.1—3	水闸与泵站工程地质勘察规范	SL 704—2015	有效	行业标准	
195	G02.4.1—4	市政工程勘察规范	CJJ 56—2012	有效	行业标准	
196	G02.4.1—5	岩土工程勘察规范	GB 50021—2001（2009 年）	有效	国家标准	
197	G02.4.1—6	水环境治理工程三维地质建模技术规程		拟编	企业标准	
198	G02.4.1—7	工程岩体分级标准	GB/T 50218—2014	有效	国家标准	
199	G02.4.1—8	土的工程分类标准	GB/T 50145—2007	有效	国家标准	
	G02.4.2	工程地质				
200	G02.4.2—1	水环境治理工程地质测绘规程		拟编	企业标准	
201	G02.4.2—2	水环境治理工程地质观测规程		拟编	企业标准	
	G02.4.3	工程测量				
202	G02.4.3—1	水环境治理工程测量规范		拟编	企业标准	
	G02.4.4	水环境测验				
203	G02.4.4—1	水环境测验规范		拟编	企业标准	
204	G02.4.4—2	水环境资料整编规范		拟编	企业标准	
	G02.4.5	勘探物探				
205	G02.4.5—1	水环境治理工程勘探规程		拟编	企业标准	
206	G02.4.5—2	水环境治理工程物探规程		拟编	企业标准	
207	G02.4.5—3	城市地下管线探测技术规程	CJJ 61—2017	有效	行业标准	
208	G02.4.5—4	城镇排水管道检测与评估技术规程	CJJ 181—2012	有效	行业标准	
209	G02.4.5—5	排水管道检测资料整编规范	Q/PWEG 027—2019	有效	企业标准	
210	G02.4.5—6	城市地下暗管涵三维激光扫描作业技术规程		在编	企业标准	
	G02.4.6	岩土试验				
211	G02.4.6—1	水环境治理工程土工试验规程		拟编	企业标准	

序号	标准体系表编号	标准名称	标准编号	编制状态	标准级别	备注
212	G02.4.6—2	水环境治理工程岩土化学分析试验规程		拟编	企业标准	
213	G02.4.6—3	水环境治理工程钻孔土工试验规程		拟编	企业标准	
	G02.4.7	水文地质测试				
214	G02.4.7—1	水环境治理工程钻孔试验规程		拟编	企业标准	
	G02.4.8	岩土测试				
215	G02.4.8—1	水环境治理工程岩体观测规程		拟编	企业标准	
216	G02.4.8—2	水环境治理工程地质观测规程		拟编	企业标准	
	G02.5	设计				
217	G02.5—1	城市防洪工程设计规范	GB/T 50805—2012	有效	国家标准	
218	G02.5—2	堤防工程设计规范	GB 50286—2013	有效	国家标准	
219	G02.5—3	建筑抗震设计规范	GB 50011—2010（2016 年）	有效	国家标准	
220	G02.5—4	砌体结构设计规范	GB 50003—2011	有效	国家标准	
221	G02.5—5	城镇内涝防治技术规范	GB 51222—2017	有效	国家标准	
222	G02.5—6	城镇雨水调蓄工程技术规范	GB 51174—2017	有效	国家标准	
223	G02.5—7	室外排水设计规范	GB 50014—2006（2016 年）	有效	国家标准	
224	G02.5—8	建筑给水排水设计规范	GB 50015—2003（2009 年）	有效	国家标准	
225	G02.5—9	城镇给水排水技术规范	GB 50788—2012	有效	国家标准	
226	G02.5—10	城镇污水处理厂设计规范		拟编	企业标准	
227	G02.5—11	城镇污水处理厂污泥处理技术规程	CJJ 131—2009	有效	行业标准	
228	G02.5—12	城市河湖污泥处理厂设计规范	Q/PWEG 018—2019	有效	企业标准	
229	G02.5—13	水环境治理水力调控工程设计规范		拟编	企业标准	
230	G02.5—14	水环境治理水质改善工程设计规范		拟编	企业标准	
231	G02.5—15	水环境治理生态修复工程设计规范		拟编	企业标准	

序号	标准体系表编号	标准名称	标准编号	编制状态	标准级别	备注
232	G02.5—16	水环境治理景观构建工程设计规范		拟编	企业标准	
233	G02.5—17	建筑设计防火规范	GB 50016—2014（2018 年）	有效	国家标准	
234	G02.5—18	水环境治理工程环境保护设计规范		拟编	企业标准	
235	G02.5—19	水环境治理工程施工环境保护技术规程		拟编	企业标准	
236	G02.5—20	水土保持工程设计规范	GB 51018—2014	有效	国家标准	
237	G02.5—21	水环境治理工程水土保持方案技术规范		拟编	企业标准	
238	G02.5—22	水环境治理工程节能设计规范		拟编	企业标准	
239	G02.5—23	水环境治理工程节能评估技术规范		拟编	企业标准	
	G03	工程建设管理与验收				
	G03.1	建设管理				
240	G03.1—1	水环境治理工程建设管理规程	Q/PWEG 001—2016	有效	企业标准	
241	G03.1—2	水环境治理工程竣工文件编制规定		拟编	企业标准	
242	G03.1—3	水环境治理工程建设项目竣工财务决算编制规程		拟编	企业标准	
243	G03.1—4	水环境治理工程施工监理规范		拟编	企业标准	
244	G03.1—5	水环境治理工程施工测量规范		拟编	企业标准	
	G03.2	质量评定				
245	G03.2—1	水环境治理工程材料与试验质量评定规范		拟编	企业标准	
246	G03.2—2	水环境治理土建工程质量评定与验收规范		拟编	企业标准	
247	G03.2—3	水环境治理生态景观工程质量评定与验收规范		拟编	企业标准	
248	G03.2—4	水土保持工程质量评定规程	SL 336—2006	有效	行业标准	
249	G03.2—5	水环境治理工程设备安装质量评定与验收规范		拟编	企业标准	
250	G03.2—6	水环境治理工程金属结构质量评定与验收规范		拟编	企业标准	

序号	标准体系表编号	标准名称	标准编号	编制状态	标准级别	备注
251	G03.2—7	水环境治理工程施工质量等级评定标准		拟编	企业标准	
	G03.3	验收				
252	G03.3—1	水文设施工程验收规程	SL 650—2014	有效	行业标准	
253	G03.3—2	水利水电建设工程验收规程	SL 223—2008	有效	行业标准	
254	G03.3—3	水利水电工程单元工程施工质量验收评定标准——土石方工程	SL 631—2012	有效	行业标准	
255	G03.3—4	水利水电工程单元工程施工质量验收评定标准——混凝土工程	SL 632—2012	有效	行业标准	
256	G03.3—5	水利水电工程单元工程施工质量验收评定标准——地基处理与基础工程	SL 633—2012	有效	行业标准	
257	G03.3—6	水利水电工程单元工程施工质量验收评定标准——堤防工程	SL 634—2012	有效	行业标准	
258	G03.3—7	水环境治理工程环保清淤施工质量验收规范		拟编	企业标准	
259	G03.3—8	城市河湖水环境治理雨污管网工程验收规范	Q/PWEG 016—2018	有效	企业标准	
260	G03.3—9	城镇污水处理厂工程质量验收规范	GB 50334—2017	有效	国家标准	
261	G03.3—10	城市河湖污泥处理厂工程质量验收规范	Q/PWEG 019—2019	有效	企业标准	
262	G03.3—11	水环境治理工程安全监测系统验收规范		拟编	企业标准	
263	G03.3—12	河湖底泥原位修复工程验收规范		拟编	企业标准	
264	G03.3—13	人工湿地工程验收规范		拟编	企业标准	
265	G03.3—14	生态护坡修复工程验收规范		拟编	企业标准	
266	G03.3—15	水环境治理工程河湖基质构建工程质量验收规范		拟编	企业标准	
267	G03.3—16	水环境治理工程水生植物系统构建工程验收规范		拟编	企业标准	
268	G03.3—17	水环境治理工程水生动物系统构建工程验收规范		拟编	企业标准	

续表

序号	标准体系表编号	标准名称	标准编号	编制状态	标准级别	备注
269	G03.3—18	水环境治理工程智慧水务系统验收规范		拟编	企业标准	
	G03.4	后评价				
270	G03.4—1	水环境治理工程建设项目后评价报告编制规程		拟编	企业标准	
	G04	工程监测与运行				
	G04.1	综合				
271	G04.1—1	水环境治理工程运行效果评价规范		拟编	企业标准	
272	G04.1—2	水环境治理工程联合调度运行规程		拟编	企业标准	
273	G04.1—3	水环境治理工程安全监测技术规范		拟编	企业标准	
	G04.2	水信息监测				
274	G04.2—1	水环境治理工程水信息自动监测技术规范		拟编	企业标准	
275	G04.2—2	城市水文监测与分析评价技术导则	SL/Z 572—2014	有效	行业标准	
276	G04.2—3	水环境监测规范	SL 219—2013	有效	行业标准	
277	G04.2—4	地表水和污水监测技术规范	HJ/T 91—2002	有效	行业标准	
278	G04.2—5	水污染物排放总量监测技术规范	HJ/T 92—2002	有效	行业标准	
279	G04.2—6	地下水环境监测技术规范	HJ/T 164—2004	有效	行业标准	
280	G04.2—7	内陆水域浮游植物监测技术规程	SL 733—2016	有效	行业标准	
281	G04.2—8	水质采样方案设计技术规定	HJ 495—2009	有效	行业标准	
282	G04.2—9	水质采样技术指导	HJ 494—2009	有效	行业标准	
283	G04.2—10	水环境治理工程管网监测技术规范		拟编	企业标准	
	G04.3	防洪设施运行				
284	G04.3—1	水环境治理工程防洪设施运行维护技术规程		拟编	企业标准	
285	G04.3—2	堤防工程养护修理规程	SL 595—2013	有效	行业标准	
286	G04.3—3	水闸技术管理规程	SL 75—2014	有效	行业标准	
287	G04.3—4	混凝土坝安全监测技术规范	SL 601—2013	有效	行业标准	
288	G04.3—5	土石坝安全监测技术规范	SL 551—2012	有效	行业标准	

序号	标准体系表编号	标准名称	标准编号	编制状态	标准级别	备注
289	G04.3—6	水环境治理工程挡泄水设施运行管理规范		拟编	企业标准	
290	G04.3—7	水环境治理工程水库调度运行管理规范		拟编	企业标准	
	G04.4	治涝设施运行				
291	G04.4—2	水环境治理工程排涝设施运行维护技术规程		拟编	企业标准	
292	G04.4—3	泵站技术管理规定	GB/T 30948—2014	有效	国家标准	
293	G04.4—4	城镇排水管渠与泵站运行、维护及安全技术规程	CJJ 68—2016	有效	行业标准	
	G04.5	外源治理设施运行				
294	G04.5—1	城镇排水管道维护安全技术规程	CJJ 6—2009	有效	行业标准	
295	G04.5—2	城镇排水管道检测与评估技术规程	CJJ 181—2012	有效	行业标准	
296	G04.5—3	水环境治理工程管网运行维护技术规范		在编	企业标准	
297	G04.5—4	城镇污水处理厂运行监督管理技术规范	HJ 2038—2014	有效	行业标准	
298	G04.5—5	城镇污水处理厂运行、维护及安全技术规程	CJJ 60—2011	有效	行业标准	
299	G04.5—6	城镇再生水厂运行、维护及安全技术规程	CJJ 252—2016	有效	行业标准	
300	G04.5—7	城镇污水处理厂运营质量评价标准	CJJ/T 228—2014	有效	行业标准	
301	G04.5—8	水环境治理工程排水口与截污调蓄设施运行维护技术规程		拟编	企业标准	
302	G04.5—9	水环境治理工程一体化水处理设施运行维护技术规程		拟编	企业标准	
	G04.6	内源治理设施运行				
303	G04.6—1	城市河湖污泥处理厂运行管理与监测技术规范	Q/PWEG 020—2019	有效	企业标准	
304	G04.6—2	河湖污泥一体化处理设施运行管理技术规范		拟编	企业标准	
	G04.7	水力调控设施运行				
305	G04.7—1	水环境治理工程水力调控设施运行维护技术规程		拟编	企业标准	

序号	标准体系表编号	标准名称	标准编号	编制状态	标准级别	备注
	G04.8	水质改善设施运行				
306	G04.8—1	水环境治理工程水质改善设施运行维护技术规程		拟编	企业标准	
	G04.9	生态修复设施运行				
307	G04.9—1	水环境治理工程生态修复设施运行维护技术规程		拟编	企业标准	
	G04.10	景观构建设施运行				
308	G04.10—1	水环境治理工程景观构建设施运行维护技术规程		拟编	企业标准	
	G05	工程退役与拆除				
309	G05—1	水环境治理工程退役管理规范		拟编	企业标准	
310	G05—2	水环境治理工程拆除技术规范		拟编	企业标准	

附录二:标准(部分示例)

城市河湖水环境治理工程建设管理规程

城市河湖水环境治理工程设计阶段划分及工作规定

Q/PWEG

中电建生态环境集团有限公司企业标准

Q/PWEG 001—2016

城市河湖水环境治理工程建设管理规程

Code for construction and management of water environment governance project of urban river and lake

（试　行）

2016—11—26 批准 　　　　　2016—12—01 实施

中电建生态环境集团有限公司　发布

中电建生态环境集团有限公司企业标准

城市河湖水环境治理工程建设管理规程

Code for construction and management of water
environment governance project of urban river and lake

Q/PWEG 001—2016

主 编 部 门:中电建生态环境集团有限公司

批准发布企业:中电建生态环境集团有限公司

施 行 日 期:2016 年 12 月 1 日

中国标准出版社

2016 北京

前　言

为促进城市河湖水环境治理工程建设管理健康发展,规范水环境治理工程项目管理行为,不断提高建设工程社会效益和管理水平,编制组经广泛调查研究,认真总结实践经验,在广泛征求意见的基础上,制订本规程。

本规程的主要技术内容是:城市河湖水环境治理工程建设管理的管理体制与职责、建设程序。

本规程由中电建生态环境集团有限公司负责日常管理,由水环境治理技术标准专业委员会负责具体技术内容的解释。执行过程中如有意见或建议,请寄送中电建生态环境集团有限公司(地址:深圳市宝安区新安街道海滨社区宝兴路6号海纳百川总部大厦A座905,邮编:518102)。

本规程主编单位:中电建生态环境集团有限公司

本规程参编单位:中电建集团华东勘测设计研究院有限公司

中电建集团北京勘测设计研究院有限公司

中电建集团贵阳勘测设计研究院有限公司

本规程主要起草人员:孔德安　陈惠明　严汝文　王正发　陈湘斌　唐颖栋
关　毅　谭奇林　赵再兴　张振洲　赵红书　程开宇
张旻舳　魏　俊　王玉双　张　冰　张　亚　张　奎

本规程主要审查人员:王民浩　郑久存　孔德安　禹芝文　陶　明　刘　鹄
芮建良　宁　杰　黄东兴　赵新民　田卫红　刘任远
辜晓原

目　次

附录二：标准（部分示例）

1 总则

1.1 为加强城市河湖水环境治理工程建设管理，保证勘察设计、施工质量和工程安全，不断提高建设工程社会效益和管理水平，依据《中华人民共和国水污染防治法》《建设工程管理条例》《建设工程勘察设计管理条例》《建设工程质量管理条例》等法律法规，结合城市河湖水环境治理工程建设的特点，制定本规程。

1.2 本规程适用于城市河湖水环境治理工程项目。

1.3 水环境治理工程建设管理应严格按建设程序进行，实行全过程的管理、监督和服务。

1.4 水环境治理工程建设管理应实行项目决策、联合管控和目标管理制度。积极推行以各级地方政府的发改委主导项目决策，水行政主管部门、环境保护主管部门及住建主管部门联合管控项目执行，并宜以水行政主管部门具体负责工程建设管理，参建各方分级、分层次管理的建设管理体系。

1.5 水环境治理工程应实行项目法人责任制、招标投标制、建设监理制和合同管理制。

1.6 水环境治理工程应广泛听取公众意见，开展公众满意度调查。

1.7 对于大中型河流流域和污染严重的河湖水环境治理，应推行全流域统筹、系统性治理的综合治理理念。

1.8 水环境治理应积极推行工程治理措施与非工程治理措施相结合的治理机制。非工程治理措施应强化法制建设、运行管理体制、信息化管理等措施。

1.9 在水环境治理领域宜推行工程总承包（EPC）、政府与社会资本合作（PPP）等建设模式。

1.10 城市河湖水环境治理工程的建设管理，除应符合本规程外，尚应符合国家现行有关标准的规定。

2 管理体制与职责

2.1 水环境治理工程一般具有政府多层级、多管理部门并行迭代管理的行业特点，具有社会公众关注度高的社会特征，水环境治理承担和参建单位应组建相应机构承担工程建设和管理任务，宜推动政府建立专门协调机制，明确工程项目实施机构（建设单位）。建立专门协调机制应包括健全协调机制、建立联审机制等。

2.2 水环境治理工程应经有管辖权的政府部门批复立项。

2.3 水环境治理工程项目的勘察设计、监理、施工单位应由政府有关部门通过服务采购确定或指定。

2.4 从事水环境治理工程勘察设计、施工、监理活动的单位应具有国家规定的相应资质，并应在其资质等级许可的范围内承揽相应的工程建设业务。禁止勘察设计、施工、监理单位超越其资质等级许可的范围或者以其他单位的名义承揽工程建设业务。禁止勘察设计、施工、监理单位允许其他单位或者个人以本单位的名义承揽工程建设业务。

2.5 从事水环境治理工程建设、勘察设计、监理、施工的单位，应在各级政府及其相关主管部门监督管理下完成相应工作。

2.6 建设单位应对水环境治理工程建设的全过程负责，对工程的工程质量、工程进度和资金管理负总责。

2.7 勘察设计单位应按水环境治理工程设计阶段划分规定分阶段开展工作，提出符合相应阶段规程规范要求的勘察设计文件，并对勘察设计的成果质量负责。勘察设计文件应具有完整性、真实性和准确性。

2.8 监理单位应按照法律法规及有关技术标准、设计文件和建设工程承包合同的相关要求，对工程施工质量实施监理，并对施工质量承担独立的监理责任。

2.9 施工单位应按合同文件和设计要求以及相关技术标准进行施工；应切实加强施工管理，严格履行承包合同，对施工质量、安全、工期负责。

2.10 水环境治理工程实行工程总承包（EPC）模式的，总承包单位应对所承担项目的总承包管理、勘察设计、施工及设备采购负全部责任。

2.11 水环境治理工程实行政府与社会资本合作（PPP）模式的，社会资本应严格按照有关规定承接项目、执行项目和移交项目。社会资本应对全部建设工程质量负责。

3 建设程序

3.1 水环境治理工程建设程序一般分为前期综合规划设计论证阶段、工程项目建设和非工程措施实施阶段、工程项目竣工验收阶段以及工程项目与非工程措施实施效果评估四个阶段。水环境治理工程建设应符合国家及当地政府相关的规定。

3.2 水环境治理工程设计可分为综合规划设计、可行性研究设计、初步设计、施工图设计四个阶段，其中综合规划设计、可行性研究设计、初步设计为前期综合规划设计论证阶段。

3.3 水环境治理工程建设前期，应根据流域或城市水环境治理目标和任务开展前期设计和论证工作，分阶段提出治理综合规划设计报告、可行性研究设计报告、初步设计报告。

3.4 根据水环境治理工程项目特点和实际需要，经主管部门批准，工程设计阶段可按下列规定适当简化。

3.4.1 当基本资料能满足可行性研究设计要求时，对于中小流域水环境治理工程可不编制综合规划设计报告，直接提出可行性研究设计报告。

3.4.2 在完成综合规划设计报告后，对于中小流域水环境治理工程，当已获得的基本资料能满足初步设计要求时，可不再编制可行性研究设计报告，直接提出初步设计报告。

3.4.3 对于技术要求简单、方案较易明确的中小流域水环境治理工程，经主管部门批准，可直接提出初步设计报告。

3.5 当水环境治理工程建设采用政府与社会资本合作（PPP）模式组织实施时，政府可根据前期综合规划设计论证成果遴选潜在项目。社会资本可根据前期综合规划设计论证成果提出 PPP 项目建议书推荐潜在项目；治理难度大、投资额度大的项目，宜以初步设计报告为基础编制 PPP 项目建议书推荐潜在项目。

3.6 当水环境治理工程建设采用 EPC 模式组织实施时，可在前期综合规划设计论证阶段即开始接受委托，也可在可行性研究设计报告、初步设计报告完成后接受委托。

3.7 水环境治理工程项目建议书经批准立项，项目资金来源基本落实后，方可进行工程招标和实施。

3.8 水环境治理工程项目法人或政府工程项目实施机构（建设单位）应向主管部门提出主体工程开工申请报告，经批准后，方能正式开工。

3.9 水环境治理工程项目实施机构（建设单位）应实行目标管理，按批准的建设文件要求内容，充分发挥管理的主导作用，充分调动相应各方的积极性，发挥各勘察设计、监理、施工单位的工程技术和工程管理优势，妥善协调地方和社区各方的关系，发动和鼓励公众支持水环境治理工程项目。

3.10 水环境治理工程项目实施机构（建设单位）应与勘察设计、监理、工程承包或施工单位签订合同，明确权利义务，各方应严格履行合同。

3.11 水环境治理工程应按国家或工程所在地的地方政策、法规及相关标准要求进行验收。

本规程用词说明

1 为便于在执行本规程条文时区别对待，对要求严格程度不同的用词说明如下：

（1）表示很严格，非这样做不可的：

正面词采用"必须"，反面词采用"严禁"；

（2）表示严格，在正常情况下均应这样做的：

正面词采用"应"，反面词采用"不应"或"不得"；

（3）表示允许稍有选择，在条件许可时首先应这样做的：

正面词采用"宜"，反面词采用"不宜"；

（4）表示有选择，在一定条件下可以这样做，采用"可"。

2 条文中指明应按其他有关标准执行的写法为："应符合……的规定"或"应按……执行"。

Q/PWEG

中电建生态环境集团有限公司企业标准

Q/PWEG 002—2016

城市河湖水环境治理工程设计阶段划分及工作规定

Specification on division of design phase and content of
water environment governance project of urban river and lake

2016—11—26 批准　　　　　　　　　　2016—12—01 实施

中电建生态环境集团有限公司　发布

中电建生态环境集团有限公司企业标准

城市河湖水环境治理工程设计阶段划分及工作规定

Specification on division of design phase and content of
water environment governance project of urban river and lake

Q/PWEG 002—2016

主 编 部 门:中电建生态环境集团有限公司

批准发布企业:中电建生态环境集团有限公司

施 行 日 期:2016 年 12 月 1 日

中国标准出版社

2016 北京

前　言

为贯彻实施《建设工程质量管理条例》（国务院第 279 号令）和《建设工程勘察设计管理条例》（国务院第 293 号令），编制组经广泛调查研究，认真总结实践经验，在广泛征求意见的基础上，制订本规定。

本规定的主要技术内容有：城市河湖水环境治理工程设计阶段划分及工作的基本规定、综合规划设计、可行性研究设计、初步设计、施工图设计等。

本规定由中电建生态环境集团有限公司负责日常管理，由水环境治理技术标准专业委员会负责具体技术内容的解释。执行过程中如有意见或建议，请寄送中电建生态环境集团有限公司（地址：深圳市宝安区新安街道海滨社区宝兴路 6 号海纳百川总部大厦 A 座 905，邮编：518102）。

本规定主编单位：中电建生态环境集团有限公司

本规定参编单位：中电建集团昆明勘测设计研究院有限公司

中电建集团华东勘测设计研究院有限公司

中电建集团成都勘测设计研究院有限公司

本规定主要起草人员：孔德安　陈惠明　严汝文　王正发　陈湘斌　黄东兴
吴基昌　谢强富　唐颖栋　谢光武　张燕春　魏　俊
陈　磊　张振洲

本规定主要审查人员：王民浩　郑久存　孔德安　禹芝文　陶　明　刘　鹄
芮建良　宁　杰　黄东兴　赵新民　田卫红　刘任远
辜晓原

本规定 2016 年 12 月首次发布。

目次

水
环
境
治
理
技
术
标
准
：
理
论
与
实
践

1 总则

1.1 为规范和加强城市河湖水环境治理工程建设管理,保证勘察设计、施工质量和工程安全,依据《中华人民共和国水污染防治法》《建设工程管理条例》《建设工程勘察设计管理条例》《建设工程质量管理条例》等法律法规,结合城市河湖水环境治理工程建设的特点,制定本规定。

1.2 本规定适用于城市河湖水环境治理工程项目。其他水环境治理工程亦可按本规定执行。

1.3 城市河湖水环境治理工程的设计阶段划分及工作规定,除应符合本规定外,尚应符合国家现行有关标准的规定。

2 术语

2.1 水环境治理工程 water environment governance project

为消除或减缓受人类社会生产生活活动所造成的水体污染、水生态破坏等影响，以改善水环境质量为核心，所采取的各种有利的工程措施及管理措施的总称。

2.2 水环境治理工程设计 design of water environment governance project

根据水环境治理工程建设和法律法规的要求，查明、分析和评价工程区域内水环境、水生态、水安全、水资源、水文化的现状条件，结合国内外水环境治理工程经验、技术应用和发展条件，对水环境治理所需的技术、经济、资源、环境等条件进行综合分析、论证，编制建设工程设计文件，提供相关服务的活动。

3 基本规定

3.1 水环境治理应坚持强化源头控制，对河湖实行全流域统筹，分区域、分阶段实施治理，系统推进水污染防治和水生态保护。

3.2 水环境治理对象宜包括内陆地表水、地下水和海湾水域环境；治理工程应包括以水污染防治和水环境保护为目标的雨污管网设施、污水处理设施、内源控制设施、防洪排涝设施、生态修复设施、景观提升设施等全部或部分项目的建设或改造。

3.3 水环境治理工程建设应坚持"先勘察、后设计、再施工"的原则。

3.4 水环境治理工程设计应与社会经济发展水平相适应，做到安全可靠、技术先进、经济合理、资源节约和环境友好，实现水环境治理的环境效益、经济效益和社会效益的协调。

3.5 水环境治理工程设计阶段宜划分为综合规划设计、可行性研究设计、初步设计和施工图设计四个阶段。对于技术要求简单、方案明确的小型水环境治理工程项目，经主管部门批准，工程设计阶段可适当简化或合并。

3.6 设计文件的编制必须贯彻执行国家有关法律、法规、政策、条例及规范，遵守设计工作程序，各阶段设计文件等成果应完整齐全，工作内容及工作深度符合相应阶段设计报告编制规程的规定。

3.7 勘察设计单位应依法进行工程勘察设计，按规定分阶段开展工作，提出符合相应阶段规程规范要求的工程设计文件，确保工程设计文件的完整性、真实性和准确性，并对勘察设计的成果质量负责。

4 综合规划设计

4.1 水环境治理工程综合规划设计，应以城市河湖为对象，为改善水环境、修复水生态、保护水资源、保障水安全，综合考虑流域自然环境因素、城镇规模、人文社会环境条件、区域经济发展水平、土地资源、水资源与水环境等因素，兼顾近、中、远期目标，对水环境治理目标、治理规模、空间布局以及各项建设的综合部署和实施措施进行设计。

4.2 水环境治理工程综合规划设计，应针对流域或区域特点及存在的主要问题，明确综合规划设计指导思想和原则，统筹考虑控源截污、内源控制、防洪排涝、生态修复、景观提升等重点，按照全流域统筹、系统性治理的综合治理理念，提出工程规划设计布局，初步建立水环境治理的工程和非工程措施体系。

4.3 水环境治理工程综合规划设计，应依据城市发展水平和流域、区域河湖水体污染现状，按照全面规划、因地制宜的原则，既要正确处理经济—社会—环境之间的相互关系，又要正确处理水资源—城乡住建—环境保护之间的技术经济关系，统筹长远与眼前利益、整体与局部利益。对民众关切的重大水环境问题宜进行专项论证。

4.4 水环境治理工程综合规划设计，应尊重科学、实事求是，充分查阅和参考以往规划建设及有关成果，注意采用新技术、新方法，广泛听取并论证采纳各方面的意见和建议，比较不同的计算方法和实施方案，提高规划设计的科学性和可实施性。

4.5 水环境治理工程综合规划设计，应研究确定近期和远期不同水平年。近远期水平年的确定应结合相应的社会经济水平和发展需求，结合河湖开发、治理、保护与管理的总体要求，宜与国民经济和社会发展五年规划和长远规划的水平年一致。

4.6 水环境治理工程综合规划设计阶段的支撑数据、基本资料的获取方式宜以收集现有成果为主，辅以现场调查、监测等，且应对收集的所有资料进行系统整理，并进行合理性和可靠性分析。

4.7 水环境治理工程综合规划设计阶段工作深度，应满足开展可行性研究设计的需要。

4.8 水环境治理工程综合规划设计应提出本阶段规划设计的主要结论。应根据近期综合治理规划设计目标和主要任务，提出近期的工作进度及管理要求，提出拟安排的重点地区和重点项目的顺序及重点工程的实施意见，并对远期安排提出初步意见。

4.9 水环境治理工程综合规划设计阶段应提交水环境治理综合规划设计报告（或项目建议书）、投资匡算、图件及相关附件，其中图件应主要包括水系分布图、总体布局图、分项设计布局图等，并附前期重要的相关审批文件、重要会议纪要文件、专家评审意见等。必要时附专题研究成果。

5 可行性研究设计

5.1 水环境治理工程可行性研究设计应在充分调查研究、评价预测和必要的勘察工作基础上，对水环境治理项目建设的必要性、经济合理性、技术可行性、实施可能性、对环境的影响性等进行综合性的研究和论证，对不同建设方案进行比较，提出推荐方案，完成可行性研究设计成果。

5.2 水环境治理工程可行性研究设计阶段补充收集的资料数据精度应满足可行性报告及专题报告编制的要求，资料应满足时效性、可靠性、代表性和一致性要求。

5.3 水环境治理工程可行性研究阶段可根据行业审批要求的不同，进行总体项目的可行性研究设计或分项开展可行性研究设计工作。

5.4 水环境治理工程可行性研究设计，应按照社会经济可持续发展的要求，与国家、流域及地区相关规划相适应，与城市总体规划及相关专项规划相协调，合理确定工程目标。

5.5 水环境治理工程可行性研究设计，应坚持实事求是的科学态度，重视基本资料的收集、整理和分析，加强现状调查研究，充分利用以往规划和有关科研成果，广泛听取各方意见和要求，鼓励公众参与，接受社会监督。

5.6 水环境治理工程可行性研究设计，宜重视新方法和新技术的应用。

5.7 水环境治理工程可行性研究设计阶段工作深度应满足项目立项决策、审批要求和开展初步设计的需要。

5.8 水环境治理工程可行性研究设计阶段应确定工程建设规模、征地拆迁范围和城市既有管线迁改与保护范围，以及工程基本设计方案。

5.9 水环境治理工程可行性研究设计文件应包含水环境治理工程可行性研究设计报告、投资估算、图件及相关附件，其中图件应主要包括工程位置图、水系图、地质图、工艺流程图、工程布局图、重要建（构）筑物体型图等。必要时附专题成果。

6 初步设计

6.1 水环境治理工程初步设计，应以经审批通过的可行性研究设计成果为基础，复核可行性研究阶段成果，补充收集部分基础资料，复核、完善、深化工程总体或专项设计，控制工程投资，提出工程分标规划等建议。

6.2 水环境治理工程初步设计阶段补充收集的资料数据精度应满足初步设计报告编制的要求，资料应满足时效性、可靠性、代表性和一致性要求。

6.3 水环境治理工程初步设计阶段应确定工程规模、建设目的、投资效益、设计原则和标准，深化设计方案，确定拆迁、征地范围、数量和既有管线迁改与保护方案，并提出设计中存在的问题、注意事项及有关建议。

6.4 水环境治理工程初步设计阶段应完成主体和各附属工程的设计方案，并征求各相关主管部门意见，编制完善的工程初步设计文件及准确的设计概算。

6.5 水环境治理工程初步设计阶段成果应能控制工程投资，满足工程招标或施工图设计、确定土地征地范围和数量、既有管线迁改与保护范围及方案、主要设备定货、审批项目投资及施工准备的需要。

6.6 水环境治理工程初步设计文件应包含水环境治理工程初步设计报告、设计图纸（图册）、概算书及其他相关附件。

7 施工图设计

7.1 水环境治理工程施工图设计，应根据批准的初步设计文件，进行详细设计、计算，确定工程布置及具体的工艺设计、建（构）筑物结构尺寸、构造分布与材料、质量与误差标准、技术细节要求等，绘制出正确、完整和详尽的建筑结构施工图与构造、安装施工图纸。

7.2 水环境治理工程施工图设计阶段应完成主体和各附属工程的施工图设计，并办理施工图审查合格证。

7.3 施工图设计内容以施工图纸为主，应包括封面、图纸目录、设计说明、图纸、工程预算等。

7.4 施工图设计文件应齐全、完整，图纸及文字内容表达清晰准确。

7.5 施工图设计文件应经过各级严格校审、签字后方能提出。

7.6 水环境治理工程施工图阶段应以工程局部现场调查、监测、勘察与测量补充收集为主，资料应满足时效性、可靠性、代表性和一致性要求。

7.7 水环境治理工程施工图设计阶段工作应以单项、局部工程详细设计为主，辅以设计交底及现场设代服务工作。施工图设计深度应满足施工招标、材料设备订货、非标设备制作加工、设备安装、土建与安装工程施工、编制施工图预算、合同计量和完工检验等要求。

7.8 对于将项目分别发包给几个设计单位或实施设计分包的情况，设计文件相互关联处的深度应满足各承包或分包单位设计的需要。

7.9 水环境治理工程施工图设计阶段成果，应包含设计总说明、施工蓝图、施工图预算等。如与初步设计阶段发生较大变更的，应附设计变更说明及批复意见（如有）。

本规定用词说明

1 为便于在执行本规定条文时区别对待，对要求严格程度不同的用词说明如下：

（1）表示很严格，非这样做不可的：

正面词采用"必须"，反面词采用"严禁"；

（2）表示严格，在正常情况下均应这样做的：

正面词采用"应"，反面词采用"不应"或"不得"；

（3）表示允许稍有选择，在条件许可时首先应这样做的：

正面词采用"宜"，反面词采用"不宜"；

（4）表示有选择，在一定条件下可以这样做，采用"可"。

2 条文中指明应按其他有关标准执行的写法为："应符合……的规定"或"应按……执行"。